Gerhard Dickenbrok

Kostenermittlung in der Altbaumodernisierung

Mit einem Geleitwort von o. Professor Karlheinz Pfarr

Mit 25 Abbildungen

Springer-Verlag Berlin Heidelberg New York Tokyo

Dr.-Ing. Gerhard Dickenbrok
Mindener Str. 76
4900 Herford

CIP-Kurztitelaufnahme der Deutschen Bibliothek

Dickenbrok, Gerhard: Kostenermittlung in der Altbaumodernisierung G. Dickenbrok.
Berlin, Heidelberg, New York, Tokyo: Springer, 1985

ISBN-13: 978-3-642-93274-8   e-ISBN-13: 978-3-642-93273-1
DOI: 10.1007/978-3-642-93273-1

Satz: Daten- und Lichtsatz-Service, Würzburg
Druck: Br. Hartmann, Berlin
Einband: D. Mikolai, Berlin
2060/3020-543210

Geleitwort

Steigende Kosten bei Modernisierungsvorhaben und die Schwierigkeit, entsprechende Erlöskorrekturen am Markt durchzusetzen, zwingen die Baupraxis mehr und mehr dazu, die Kosten- und Erlösrechnung zu verbessern und zu einem für den Planungs- und Bauprozeß brauchbaren Steuerungsinstrument auszubauen.

Vor allem aus diesen Gründen war es dringend erforderlich geworden, ein Verfahren zu entwickeln, das die betriebliche Kostenrechnung von Anfang an als Bestandteil eines umfassenden Kosteninformationssystems begreift und in allen Phasen des Planungs- und Bauprozesses Zahlen bereitstellt, die schnell integrierbar sind.

Für Planer wie aber auch für übergeordnete staatliche Institutionen sind frühe realistische Kosteninformationen von großer Bedeutung, um eine Entscheidung über Abriß oder Modernisierung zu treffen oder um Wirtschaftlichkeitsberechnungen aufzustellen.

Hier wird ein System vorgestellt, das aber nicht nur dem Planer eine Methode zur frühen und zuverlässigen Kostenermittlung an die Hand gibt, sondern auch den bauausführenden Betrieben eine Hilfe für ihre Kalkulationen bietet.

Der Verfasser hat mit diesem Buch, das die wesentlichen Ergebnisse seiner 1980 an der Technischen Universität Berlin angenommenen Dissertation wiedergibt, auf hervorragende Weise wissenschaftliches Denken mit der Fähigkeit verbunden, ein theoretisches Instrumentarium für die praktische Anwendung aufzubereiten.

Ich wünsche dieser Veröffentlichung einen breiten Leserkreis zum Nutzen der Bauwirtschaft.

Berlin, im Mai 1984   o. Prof. Dr. Karlheinz Pfarr

Vorwort

Die Erhaltung und Modernisierung von Altbauten in den Städten ist zu einem bedeutenden und ständig zunehmenden Sektor der Wohnungsbauwirtschaft geworden.

Dem Verfall der in ihrem Wohnwert sinkenden Altbausubstanz Einhalt zu gebieten und in den Stadtzentren preiswerten Wohnraum zu erhalten, ist zu einer gesellschafts- und wirtschaftspolitisch wichtigen Aufgabe geworden.

Naturgemäß ist die Vorausermittlung der Kosten bei der Modernisierung von Altbauten mit einem weit höheren Toleranzrisiko verbunden als bei Neubauten. Herkömmliche Kostenermittlungsmethoden bedienen sich überwiegend des Vergleichs mit den Kosten früher durchgeführter Modernisierungsprojekte und können zu schwerwiegenden, wenn nicht gefährlichen Fehlschätzungen führen.

Das hier beschriebene System zur Gewinnung von Kosteninformationen verzichtet völlig auf diese antiquierten Vergleichsmethoden. Statt dessen setzt es die Kosten für die einzelnen Bauelemente eines zu modernisierenden Gebäudes aus deren Grundelementen zusammen, wie sie die bauausführenden Betriebe für ihre Kalkulation verwenden.

Aus Kakulationskennwerten einer großen Zahl von im Modernisierungssektor erfahrenen bauausführenden Betrieben aller einschlägigen Gewerke, wurde hierzu ein System von Kennzahlen empirisch gewonnen und aufbereitet. Aus diesen Kennzahlen werden durch einfache Integration die Kosten einzelner Positionen, Unterelemente, Teilbauelemente und Bauelemente ermittelt.

Dieses völlig neue Verfahren erlaubt unter Nutzung gebräuchlicher Datenverarbeitungsanlagen eine schnelle Kostenermittlung durch Hochaggregation von Positionen über einzelne Bauelemente bis zum gesamten Bauwerk.

Sowohl vom Architekten als auch vom bauausführenden Betrieb kann dieses Kosteninformationssystem in den entsprechenden Leistungsphasen des Planungs- und Bauprozesses angewendet werden.

Besonders in Zeiten begrenzter öffentlicher Mittel wird für kommunale und staatliche Institutionen, für die der Modernisierungssektor aus gesamtwirtschaftlichen Gesichtspunkten von Bedeutung ist, ein solches System von in der Praxis erhärteten Kennzahlen zu einem unentbehrlichen Werkzeug.

Mein besonderer Dank gehört meinem verehrten akademischen Lehrer, Herrn o. Prof. Dr. K. H. Pfarr, der mir die Anregung zur Überarbeitung meiner Dissertation gab.
Dem Springer-Verlag danke ich für die stets angenehme Zusammenarbeit.

Herford, im Frühjahr 1984   Gerhard Dickenbrok

Inhaltsverzeichnis

1 Einleitung

In den Jahren nach dem Zweiten Weltkrieg stand in der Bundesrepublik Deutschland der Wiederaufbau und Neubau der Städte und Gemeinden im Vordergrund. Die starke Nachfrage nach Wohnungen führte zu hohen Zuwachsraten im Neubausektor, die Erhaltung und Modernisierung von Altbauten wurde demgegenüber vernachlässigt.

Erst Anfang der siebziger Jahre begann die Instandsetzung und Modernisierung von Altbauten an Bedeutung zu gewinnen. Die Ursachen hierfür lagen nicht nur in den schnell steigenden, sich auf die Mietpreise auswirkenden Kosten von Neubauten und einer Verknappung des Baugrundes in innerstädtischen Bereichen. Es entstand auch eine breite Bewegung gegen den hemmungslosen Abriß von Altbauvierteln, in der sich die sozialen Probleme der Bevölkerung in den häufig monotonen und zu teuren Neubausiedlungen artikulierten. Ein neues Bewußtsein für die städtebauliche, aber auch künstlerische und historische Bedeutung alter Gebäude breitete sich aus.

Das Potential an modernisierungsbedürftigen Wohnungen ist nahezu unerschöpflich. In der Bundesrepublik Deutschland einschließlich Berlin-West, gab es 1978 einen Bestand von etwa 22,7 Mio. Wohnungen. Davon sind rund 8,6 Mio. Altbauwohnungen, die vor 1948 erbaut wurden. Etwa 0,9 Mio. Wohnungen besitzen kein WC, ca. 1,3 Mio. Wohnungen sind nicht mit Bad oder Dusche ausgestattet und ca. 8,3 Mio. Wohnungen haben noch eine Ofenheizung [34, 65]. Darüber hinaus sind viele Wohnungen wegen ihrer unzureichenden Installationsausstattung insbesondere im Elektrobereich erneuerungsbedürftig.

Das 1971 verabschiedete Städtebauförderungsgesetz (StBauFG), die 1974 eingeführten und laufend erneuerten Modernisierungsprogramme des Bundes und der Länder [82, 84], das in Kraft getretene Gesetz zur Modernisierung von Wohnungen (WoModG) bzw. das Modernisierungs- und Energieeinsparungsgesetz (ModEnG) von 1978 sowie die neue Wege gehende Förderung der Wohnungsmodernisierung durch Mieter (MieterModRl von 1981) in Berlin [83] sind wichtige Maßnahmen gesetzgeberischer Art, um die stark vernachlässigte Instandsetzung und Modernisierung zu fördern bzw. hierfür Anreize zu geben.

Instandsetzung im Sinne des ModEnG „ist die Behebung von baulichen Mängeln, insbesondere von Mängeln, die infolge Abnutzung, Alterung, Witterungseinflüssen

oder Einwirkungen Dritter entstanden sind, durch Maßnahmen, die in den Wohnungen den zum bestimmungsgemäßen Gebrauch geeigneten Zustand wieder herstellen" [78, § 3 IV].
Modernisierung im Sinne des ModEnG sind:
- Bauliche Maßnahmen, die den Gebrauchswert der Wohnungen nachhaltig erhöhen oder die allgemeinen Wohnverhältnisse auf die Dauer verbessern (allgemeine Modernisierungsmaßnahmen) und
- bauliche Maßnahmen, die nachhaltig Einsparungen von Heizenergie bewirken (energiesparende Maßnahmen) [78, § 4].

Über die Absicht hinaus, durch geeignete Gesetze dem Verfall wertvoller Bausubstanz zu begegnen, stellt sich auf der Ebene der *politischen Institutionen* häufig auch die Aufgabe, den Investitionsumfang, also die Baukosten von Modernisierungsmaßnahmen, die erforderlichen Finanzierungszuschüsse, insbesondere aber auch den Beschäftigungseffekt, abzuschätzen. Unter Modernisierung soll im weiteren Verlauf dieser Ausführungen ein breites Spektrum von Leistungen verstanden werden, das sich von der einfachen Instandsetzung eines Gebäudes über die Erneuerung der Haustechnik und weiter über geringe Grundrißänderung bis zu Leistungen mit umfangreichen Grundrißänderungen und aufwendigen Außenarbeiten am Gebäude erstreckt.
Besonders auf den Ebenen des Auftraggebers (Bauherr), des Planers oder Architekten und der bauausführenden Betriebe führen Projekte zur Modernisierung alter Gebäude zu spezifischen Aufgabestellungen.
Zur optimalen Lösung der vom *Auftraggeber* gestellten Bauaufgabe sollten die Modernisierungsmaßnahmen einige Grundbedingungen erfüllen [28]:

- Die zu modernisierenden Altbauten müssen bautechnischen, funktionellen und gestalterischen Ansprüchen genügen, die weitgehend durch die Wohnbedürfnisse der Nutzer bestimmt werden;
- die Modernisierungsmaßnahmen sollten den Standort berücksichtigen;
- ein Leerstehen des Altbaus muß vermieden werden, die Modernisierungsmaßnahmen sollen rechtzeitig und zügig erfolgen;
- die Maßnahmen sollten zu angemessenen Kosten durchführbar sein und den Interessen der Nutzer – also der Bewohner – gerecht werden;
- während des Nutzungszeitraums sollte die Wirtschaftlichkeit des Betriebs und der Unterhaltung gewährleistet sein.

Von diesen fünf Grundbedingungen ist für den Bauherrn die Frage der Wirtschaftlichkeit von besonderer Bedeutung. Für den Architekten oder Planer als Vertreter der Interessen des Bauherrn stehen also Wirtschaftlichkeitsgesichtspunkte bei Modernisierungsvorhaben im Vordergrund. Er dient damit nicht zuletzt der Förderung seines beruflichen Ansehens und Erfolgs. Die Wirtschaftlichkeit eines Modernisierungsprojekts ist eine Funktion von Ertrag und Aufwand und wird in entscheidender Weise durch den einmaligen Aufwand, also die Baukosten, bestimmt.

In diesem Buch soll ein System beschrieben werden, das für jedes Ausmaß vorgesehener Modernisierungsmaßnahmen es einerseits dem bauausführenden Betrieb erlaubt, die Preise für die von ihm erbrachten Modernisierungsleistungen zu ermitteln, die andererseits identisch sind mit den dem Bauherrn für die Modernisierung seines Bauwerks entstehenden Kosten [9].

Dem *Architekten* stellt sich die Aufgabe, zu einem möglichst frühen Zeitpunkt die Kosten von Modernisierungsleistungen zuverlässig zu berechnen und sie während des Planungs- und Bauablaufs zu steuern und zu kontrollieren.

Den *Betrieben* stellt sich die Aufgabe, auskömmliche Angebotspreise so zu ermitteln, daß sie den Zuschlag erhalten und in der Bauphase ihre Kosten so zu steuern, daß sie im Rahmen ihres Angebots bleiben.

Für den Architekten ist eine frühzeitige, zuverlässige Kostenermittlung bereits für die im Vordergrund stehende Entscheidung „Modernisierung oder Abriß" unentbehrlich. Sie soll vor allem dem Bauherrn den für seine Finanzierung erforderlichen festen Kostenrahmen gewährleisten. Bauherr und planende Instanz geraten in erhebliche Schwierigkeiten, wenn der zu Beginn des Planungsprozesses ermittelte Kostenrahmen am Ende des Planungs- und Bauprozesses wesentlich überschritten wird, oder wenn der Kostenrahmen für die Modernisierung nur unter Qualitätsminderung bzw. durch Unterlassung von an sich notwendigen Instandsetzungs- und Modernisierungsarbeiten eingehalten werden kann.

Aus den genannten Gründen soll eine Kostenermittlung im Frühstadium eines Planungsprozesses von den am Ende des Bauprozesses festgestellten Ist-Kosten bei Ausführung aller anfangs geplanten Modernisierungsmaßnahmen nur wenig abweichen. Bisher gebräuchliche Methoden zur Kostenschätzung und -berechnung von Modernisierungsleistungen werden dieser Forderung nur in unzureichendem Maße gerecht.

Gründe liegen darin, daß
- herkömmliche Methoden auf einem Vergleich der Kosten oder Preise früher abgerechneter Modernisierungsobjekte beruhen. Hierbei kann meist nicht beurteilt werden, ob die seinerzeit geforderten Preise kostendeckend oder der damals vorliegenden Markt- und Konjunktursituation angepaßt waren. Auch ist nicht zu erkennen, ob die zugrunde gelegten Preise von modernisierungserfahrenen oder von unerfahrenen bzw. sogar unsoliden Betrieben stammen;
- herkömmliche Methoden auch deshalb fehleranfällig sind, weil sie kostenträchtige Elemente häufig nur pauschal behandeln und auf eine feinere Unterteilung verzichten. Die grobe Elementgliederung bisheriger Verfahren gibt den Erhaltungs- und Verschleißgrad eines Modernisierungsobjekts nur unzureichend wieder;
- herkömmliche Methoden sich zur Preisanpassung mangels eines Index für Moderniesierungsleistungen bestenfalls eines Preisindex für Neubauleistungen bedienen, der in Anbetracht des unterschiedlichen Lohnkostenanteils für Modernisierungsleistungen nicht zutrifft.
- diese Methoden darüber hinaus keinen Mechanismus enthalten, der es erlaubt, die Preisvorstellungen bauausführender Betriebe zum Zeitpunkt der erst später erfolgenden Ausschreibung vorauszuschätzen.

Diese herkömmlichen Verfahren sind *gefährlich* und können zu gravierenden Abweichungen zwischen Soll- und Ist-Kosten führen. Keinesfalls bieten sie dem Architekten ein den Planungs- und Bauprozeß begleitendes Kosteninformationssystem. Die herkömmlichen Methoden erinnern stark an die beschreibende und vergleichende Methode der frühen Naturwissenschaften, die in der modernen Natur- und Ingenieurwissenschaft durch eine analytisch-synthetische, auf der Erkenntnis des Mechanismus der Vorgänge beruhende Systematik abgelöst worden ist. Hier setzt das Grundkonzept der Überlegungen des Verfassers an. Auch bei der Kostenermittlung im Planungsprozeß ist es sinnvoll, über eine verfeinerte Elementgliederung die Kosten aus den Grundelementen aufzubauen, wie sie der bauausführende Betrieb in seiner Kalkulation verwendet. Unter Grundelementen der Kosten werden hier für den Aufwand relevante Kenngrößen verstanden, die auf in der Praxis der Baubetriebe erhärteten kalkulatorischen Zahlen beruhen und empirisch gewonnen und aufbereitet wurden. Diese Kenngrößen sind in allen Phasen schnell integrierbar und werden zu einem Kosteninformationssystem ausgebaut, das den Planungs- und Bauprozeß begleitet.

Für bauausführende Betriebe ist die Ermittlung des Preises für Modernisierungsleistungen mit Schwierigkeiten verbunden. Vor allem für Betriebe, die in den Modernisierungssektor neu einsteigen, ist die Einschätzung der zu erbringenden Leistung, insbesondere der Stundenansätze, oft problematisch. Ihnen fehlt noch die Erfahrung und das Urteilsvermögen für die speziellen Probleme der Modernisierungspraxis. Folgen einer Fehleinschätzung bei der Preisermittlung für Modernisierungsleistungen können hohe Verluste oder sogar der Konkurs sein. Besonders nachteilig wirkt sich auch aus, daß in der Fachliteratur bisher keine Anhaltspunkte für die Kalkulation üblicher Modernisierungsleistungen zu finden sind. Diesen Schwierigkeiten des bauausführenden Betriebs bei der Preisermittlung wird dadurch begegnet, daß ihm in der Praxis erhärtete Kalkulationskennwerte an die Hand gegeben werden.

Auch für Überlegungen gesamtwirtschaftlicher Art, wie sie von kommunalen und staatlichen Institutionen im Zusammenhang mit umfangreichen Sanierungs- und Modernisierungsaufgaben angestellt werden, sind Kalkulationskennwerte hohen Aggregationsgrades ein nützliches Hilfsmittel. Der Verfasser versucht, Bedeutung und Nutzen in der Praxis bewährter Kennziffern für Fragestellungen baupolitischer und beschäftigungspolitischer Art darzulegen.

2 Entwicklung eines Kostenermittlungsverfahrens auf der Grundlage von „Aufwandskennziffern"

2.1 Zielvorstellungen des Planers und des Baubetriebs

Zur Entwicklung eines Verfahrens für eine möglichst präzise Kostenermittlung ist es notwendig, die Zielsetzungen des Planers als Vertreter des Bauherrn und die der bauausführenden Betriebe als Lieferanten von Kosteninformationen zu untersuchen.

Entsprechend den Grundbedingungen einer Bauaufgabe (Abschnitt 1) ist die frühzeitige zuverlässige Ermittlung der Kosten für den Modernisierungsaufwand bei angemessener Qualität ein wichtiges Anliegen des Bauherrn und damit des Planers. Bei der Planung von Wohnungen gehört es zu den Aufgaben des Architekten, auch die Bedürfnisse der künftigen Nutzer, unter Beachtung gesetzlicher Vorschriften und Förderungsrichtlinien, zu berücksichtigen.

Für einen Betrieb oder ein Unternehmen gibt es allgemeingültige Unternehmensziele [15]:
- Nichtwirtschaftliche Ziele wie
  Macht, Unabhängigkeit, Prestige, fachlich-technische Ziele, soziale Prinzipien, ethische und moralische Ziele (z. B. Zufriedenheit der Kunden);
- wirtschaftliche Ziele wie
  Eigenkapitalrentabilität, Gewinn, Wirtschaftlichkeit, Liquidität, Wachstum und Erhaltung des Unternehmenspotentials oder Umsatzausweitung.

Die Prioritäten, die bauausführende Betriebe den einzelnen oben genannten – vor allem den wirtschaftlichen – Zielelementen beimessen, aber auch die gegebenen Marktbedingungen, haben Einfluß auf die Handlungen der bauausführenden Seite. Die Kosteninformationen, die der Planer von den bauausführenden Betrieben einholt, sind deshalb von vielerlei Einflußfaktoren geprägt.

Für bauausführende Unternehmen lassen sich jedoch aus den oben genannten Zielen auch wichtige allgemeingültige Grundregeln für die Ermittlung eines auskömmlichen Preises bei Leistungsverträgen für Modernisierungsleistungen aufstellen, da die Zuschlagserteilung meist an den billigsten Bieter erfolgt:
- Das kalkulierende Unternehmen versucht, einerseits mit seinem Angebotspreis möglichst nahe an die Preisvorstellung des Auftraggebers, also des

Planers heranzukommen, andererseits versucht es jedoch, mit einem verhältnismäßig geringen Abstand zum nächsthöheren Bieter den Zuschlag zu erhalten. Für bauausführende Betriebe ist es eine legitime Forderung von existentieller Bedeutung, daß ein Anbieter, dessen Angebotspreis nicht angemessen erscheint – weil er weit unter den Preisvorstellungen des Auftraggebers und auch wesentlich unter dem Preis des nächsthöheren Bieters liegt – bei der Zuschlagserteilung seitens des Architekten unberücksichtigt bleibt.

Eine Hauptforderung des bauausführenden Betriebs an den Planer, und damit an dessen Verfahren zur Kostenschätzung bzw. -berechnung, richtet sich deshalb auf die Ermittlung angemessener Kosten, die einen auskömmlichen Preis für den Betrieb darstellen.

– Das kalkulierende Unternehmen, das den Zuschlag erhalten hat, sollte mit dem erzielten Preis die dem Unternehmen entstehenden Kosten decken und darüber hinaus möglichst Gewinn erzielen [24].

Daher fordern bauausführende Betriebe, daß ihnen in den Leistungsverträgen für Modernisierungsarbeiten das Risiko kaum bzw. schwer kalkulierbarer Leistungen oder unvorhersehbarer Arbeiten nicht einseitig übertragen wird.

Neben der Gewinnerzielung können für bauausführende Betriebe auch andere Ziele gewichtig sein.

Da auch der Planer als Unternehmen angesehen werden kann, gelten für ihn die gleichen typischen Ziele, wie für bauausführende Betriebe, jedoch mit einer anderen Gewichtung. Beispielsweise sind Umsatzstreben oder Marktbeherrschung für den Planer weniger wichtig. Unabdingbar für die Erreichung der erwähnten Ziele, insbesondere der wirtschaftlichen und fachlich-technischen Ziele, ist für den Planer jedoch eine frühzeitige und möglichst genaue Kostenermittlung von Modernisierungsleistungen.

Der bei herkömmlichen Kostenermittlungsverfahren im frühen Stadium oft auftretende Ermittlungsfehler zwischen Soll- und Ist-Kosten muß durch ein besseres Verfahren schon in diesem Stadium der höchsten Kostenbeeinflußbarkeit auf eine geringe Toleranzbreite eingeengt werden. Sie sollte bei der Kostenschätzung $\pm 15\%$ und bei der Kostenberechnung $\pm 10\%$ nicht überschreiten (Abb. 1).

Der Architekt soll mit der Kostenermittlung, insbesondere mit der Kostenschätzung und -berechnung, verschiedene Aufgaben erfüllen.

Er sollte

– zu Beginn des Planungsprozesses eine sichere Hilfe bei der Entscheidung über Abriß und Neubau oder Modernisierung eines Gebäudes, also abgesicherte Kosteninformationen geben;

– den Umfang der Modernisierungs- und Instandsetzungskosten für die Wirtschaftlichkeitsberechnung ermitteln, um eine gesicherte Finanzierung der Modernisierungsmaßnahmen zu gewährleisten;

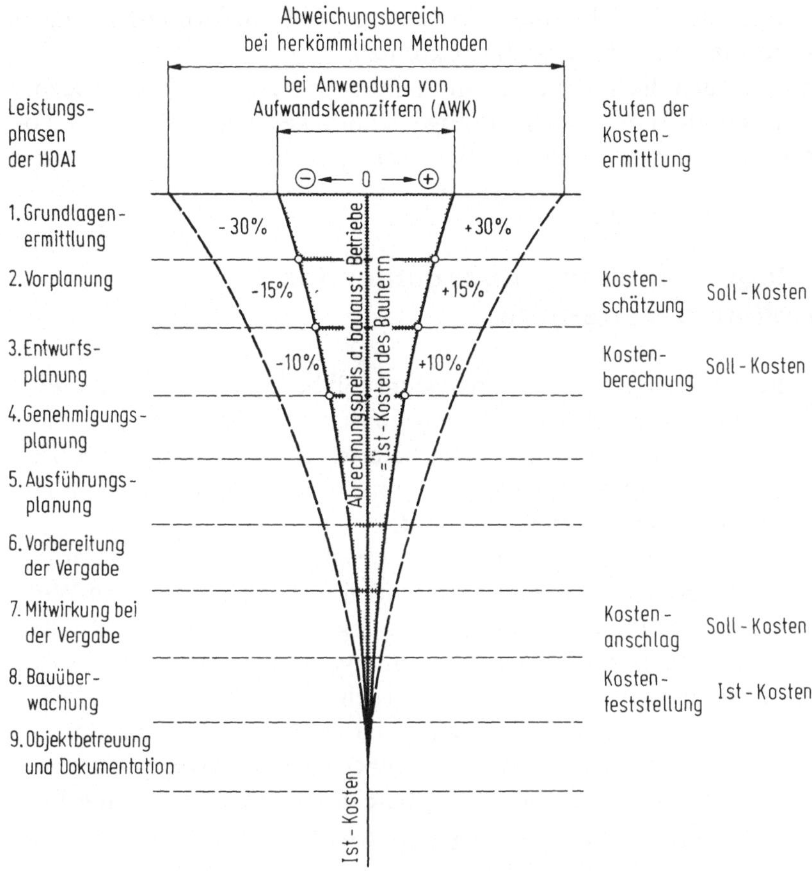

Abb. 1. Abweichungen bei Kostenermittlungsverfahren im Planungs- und Bauprozeß

– die Modernisierungsmaßnahmen in eine der drei Arten der Modernisierung nach den allgemeinen Verwaltungsvorschriften über den Einsatz von Förderungsmitteln nach StBauFG [70] einordnen;
– eine möglichst exakte Berechnung seines Honorars vornehmen, das in den ersten vier Leistungsphasen aufgrund der Kostenschätzung bzw. Kostenberechnung und in der fünften bis neunten Leistungsphase aufgrund des Kostenanschlags bzw. der Kostenfeststellung ermittelt wird. Eine zu niedrige Schätzung oder Berechnung der Modernisierungskosten durch den Planer hat zur Folge, daß er einen Teil seines Honorars einbüßt;
– die kontinuierliche Überwachung und Steuerung der Modernisierungskosten des Bauwerks – DIN 276.3 – während des Planungs- und Bauprozesses ermöglichen;
– die Kosten, die dem bauausführenden Betrieb entstehen, von Anfang an in seiner Kostenermittlung berücksichtigen und um die Erzielung eines auskömmlichen Preises durch die bauausführenden Betriebe bemüht sein,

– darüber hinaus den Preisbildungsprozeß von Modernisierungsleistungen möglichst permanent berücksichtigen können;
– vor allem aber auch die Trennung von Planung und Ausführung aufrechterhalten, um damit seine berufliche Eigenständigkeit gegenüber dem Totalunternehmen (Planung und Ausführung) zu bewahren.

2.2 Grundlagen eines prozeßbegleitenden Kostenermittlungsverfahrens

Das vorzustellende Kosteninformationssystem soll bereits zu Beginn des Planungsprozesses, aber auch in den weiteren Phasen des Planungs- und Bauprozesses, fundierte Kosteninformationen liefern. Auf den einzelnen Stufen des Planungs- und Bauprozesses sollen prozeßbegleitend Kennziffern bereitgestellt werden, die schnell integrierbar sind.
Organisationsformen, die ein solches prozeßbegleitendes Kosteninformationssystem praktizieren, sind in der Wirtschaft üblich. In den meisten Wirtschaftszweigen sind der Planungs- oder Fertigungsbereich Teile des gleichen Unternehmens. Die betriebliche Kostenrechnung ist hier zu einem unverzichtbaren Informationsinstrument des Unternehmens geworden und liefert vom Beginn des Planungsprozesses an laufend abgesicherte Kosteninformationen. Diese Wirtschaftszweige haben gegenüber der Bauwirtschaft den unschätzbaren Vorteil, daß der Entwicklungsbereich bereits über genaue Produktionskosten verfügen kann, da der eigene Fertigungsbereich die geplanten Produkte auch selbst herstellt.
Im Unterschied zu diesen Industriezweigen ist die Aufteilung von Planungs- und Bauleistungen auf zwei verschiedene Institutionen traditionell ein für die Bauwirtschaft charakteristisches Merkmal.

Darüber hinaus ist auf dem Sektor der Altbaumodernisierung die Möglichkeit konstruktiver und technologischer Einflüsse dadurch eingeschränkt, daß im Unterschied zu Produkten anderer Industriezweige das zu modernisierende Gebäude bereits existiert.

Organisationsformen, die es dennoch ermöglichten, in der Bauwirtschaft ähnlich wie in der übrigen Wirtschaft, ein prozeßbegleitendes Kosteninformationssystem anzuwenden, sind auf *zwei unterschiedlichen* Wegen denkbar [27].
Einmal könnten bauausführende Betriebe ihre Modernisierungsleistungen um Planungsfunktionen erweitern und sich damit zum *Totalunternehmen* entwickeln. Der Totalunternehmer übernimmt Planungs- und Bauleistungen mit der Möglichkeit der Einschaltung von Architekten und Subunternehmern. Die sich dadurch bildenden Unternehmensformen hätten andere Marktformen zur Folge.

Ein anderer Weg, der keine Änderung der Marktstruktur fordert, könnte in verstärkten Bemühungen des *Planers* bestehen, neben seinen bisher im Vordergrund stehenden Zielelementen – der Gestaltung, der Konstruktion und der Funktion – auch die Wirtschaftlichkeit bei der Planung von Bauleistungen bei Modernisierungsprojekten auf einen vorderen Platz zu rücken. Hierzu ist aber ein modernisierungsspezifisches Kennzahlensystem erforderlich, das auf den Ergebnissen betrieblicher Kostenrechnung und Erfahrungen aufbauen muß. Ein Berufsstand, der die Trennung von Planung und Bauausführung als wünschenswert ansieht, muß folglich für die Bewältigung von Kostenermittlungsaufgaben – wie z. B. für die vorzubereitende Entscheidung „Modernisierung oder Abriß" – über ein solches spezifisches Kennzahlensystem verfügen.

Die Perspektive eines Totalunternehmers erscheint im gegenwärtigen Zeitpunkt unrealistisch. Deshalb soll hier der zweite Weg begangen werden, also die Entwicklung eines prozeßbegleitenden Kosteninformationssystems für den Planer.

Zur Entwicklung eines für Modernisierungsleistungen geeigneten Kosteninformationssystems wird schon von Beginn des Planungsprozesses an im Planungsbüro ein betriebliches Kostenrechnungssystem zugrunde gelegt, das auf in der Praxis gewonnenen Normalwerten beruht.

Eine solche Normalkostenrechnung verwendet

– Normalwerte für die Wertansätze, also die Preise und
– Normalwerte für das Mengengerüst, d. h. die Mengen- und Zeitgrößen.

Darüber hinaus können bei der Normalkostenrechnung durch aktualisierte Mittelwerte auch inzwischen eingetretene oder zu erwartende Kostenbeeinflussungsfaktoren bei der Durchschnittsbildung des Wert- bzw. Mengengerüsts berücksichtigt werden.

Der Schwerpunkt einer Normalkostenrechnung mit aktualisierten Mittelwerten liegt überwiegend auf der Vorkalkulation betrieblicher Leistungen, bei der durch die Durchschnittsbildung eine Vereinfachung und Beschleunigung der Kalkulation erreicht wird. Um auch den von konjunkturellen Einflüssen abhängigen Preisbildungsprozeß bei der Preisermittlung der Betriebe vorvollziehbar zu machen, ist es zweckmäßig, die Kosten von Modernisierungsleistungen in Einzel- und Gemeinkosten aufzuteilen. Die Gemeindekosten können dann entsprechend den jeweiligen Umständen flexibel angesetzt werden.

Um anstelle der bisher angewandten, stark vermischten Kosteninformationen, die auf alten Projekten beruhen und deshalb den Veränderungen des Preisbildungsprozesses schwer anpaßbar sind, präzisere Aussagen zu setzen, soll weitgehend auf den Ursprung der Kosten zurückgegangen werden. Dabei wird im wesentlichen von dem obengeannnten durchschnittlichen Mengen- und Wertgerüst ausgegangen.

Kosten entstehen also
- einerseits als Produkt von Zeitgrößen, z. B. 1 Lohnstunde oder 1 Gerätestunde und deren Geldwert,
- andererseits als Produkt einer Mengengröße wie 1 m², 1 m³, oder 1 Stück und deren auf die Einheit bezogenem Geldwert der Produktionsfaktoren.

Als Kurzformel gilt: Kosten = (Mengen bzw. Zeiten) · Wert.

In der Praxis des Baubetriebs wird häufig von einer Gliederung in drei Produktionsfaktoren ausgegangen:
- Arbeit, mit einer weiteren Aufteilung in dispositive Leistung der Betriebs- und Geschäftsleitung sowie in objektbezogene Arbeitsleistung;
- Betriebsmittel;
- Werkstoffe.

In einem Betrieb sind die Tätigkeiten und Entscheidungen darauf gerichtet, menschliche Arbeit, Betriebsmittel und Werkstoffe in marktfähige Erzeugnisse umzuwandeln. Unter marktfähigen Erzeugnissen sind hier die Modernisierungsleistungen an einem Bauwerk zu verstehen.

Die *Kosten* für die Erstellung einer bestimmten Modernisierungsposition sind gleich den mit ihrem Geldwert (Wertgerüst) multiplizierten Mengen bzw. Zeiten (Mengengerüst) der *Produktionsfaktoren* und ergeben die
- Lohnkosten,
- Maschinenkosten,
- Materialkosten.

Da bei der Modernisierung Maschinen in sehr geringem Umfang eingesetzt werden, werden Maschinenkosten zweckmäßig in den Lohnkosten mitberücksichtigt. Das Kosteninformationssystem baut also in einfacher Weise auf den Grundelementen der Kosten, d. h. denen der Lohnkosten und der Materialkosten auf, die als Aufwandskennziffern bezeichnet werden sollen.

In dem hier beschriebenen Kosteninformationssystem hat nicht nur das normalisierte Mengen- und Wertgerüst der Lohn- und Materialkosten, sondern auch die Gliederung des Bauwerks eine entscheidende Bedeutung.

Die Gliederung der Kosten des Bauwerks, vgl. DIN 276, Kostengruppe 3, [35, S. 27 ff], soll sich daher vom Anfang des Planungs- bis zum Ende des Bauprozesses verfeinern. Die Gliederungstiefe hängt von mehreren Gesichtspunkten ab. Eine Gliederung der Kosten des Bauwerks kann (Abb. 2)
- einerseits nach abrechnungs- und ausführungstechnischen Gesichtspunkten über die Gewerke mit ihren Titeln bis zu den Positionen herab führen;
- andererseits über die Positionen verschiedener Gewerke nach entwurfsspezifischen Gesichtspunkten zu Unter-, Teilbau- und Bauelementen und so wieder zum Bauwerk zusammengefaßt werden.

Beide Gliederungswege haben eine gemeinsame Wurzel, nämlich die Mengen- und Zeitgrößen, also das Mengengerüst, das bei der Preisermittlung der Betriebe geschätzt und in Geldgrößen bewertet wird.

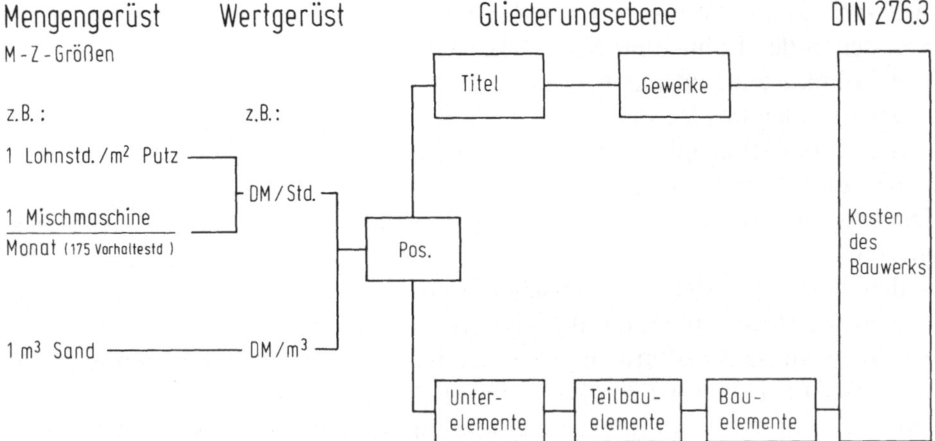

Abb. 2. Verknüpfung der „Kosten des Bauwerks" bis zu ihrem Ursprung

Zur Schaffung fundierter Daten für das beschriebene Kosteninformationssystem soll das Mengen- und Wertgerüst mittels Verdingungsunterlagen bei bauausführenden Betrieben eingeholt werden. Den einzelnen Gliederungsebenen der „Kosten des Bauwerks" (Abb. 2) wird ein statistisch – also zu repräsentativen Mittelwerten – aufbereitetes Mengen- und Wertgerüst zugrunde gelegt.

Durch die Unterteilung der Kosten auf den verschiedenen Gliederungsebenen in ein Mengen- und Wertgerüst können die sich darauf beziehenden Kosteneinflußfaktoren in dem vorgeschlagenen System genauer als bisher berücksichtigt werden.

Mit diesen aufbereiteten Kennziffern des Kosteninformationssystems soll die Kalkulation der bauausführenden Betriebe wie auch die permanente Beachtung des Preisbildungsprozesses auf dem Baumarkt in allen Phasen des Planungs- und Bauprozesses leichter nachvollziehbar sein.

2.3 Konzeption des Aufwandskennziffernsystems

2.3.1 Definition des Begriffs „Aufwandskennziffern"

„Aufwandskennziffern" sind die Bausteine des Kosteninformationssystems und sollen zunächst durch Aufteilung in die Begriffe „Aufwand" und „Kennziffern" erläutert werden.

Unter „Aufwand" ist hier der Werteverzehr aller verbrauchten Güter und Dienstleistungen für die Erstellung der betrieblichen Modernisierungsleistungen zu verstehen.

Unter einer „Kennziffer" wird eine zahlenmäßige Angabe verstanden, die eine Größe qualitativ und quantitativ wiedergibt.

Aufwandskennziffern gehen von den Grundelementen der Kosten aus, d. h. von denen der Lohn- und Materialkosten.

Die Lohnkosten sind das Produkt
- der Stundenansätze und
- des Kalkulationsmittellohns (Wertgerüst für die Produktionsfaktoren Arbeit und Betriebsmittel).

Die Materialkosten (bewertete Mengengrößen der Materialien) sollen sich hier aus
- den Materialkosten ohne Zuschlag und
- dem prozentualen Materialgemeinkostenzuschlag ergeben.

Um Aufwandskennziffern zu gewinnen, wurde zunächst eine Sammlung von Basisdaten bei einer großen Zahl von Baubetrieben vorgenommen. Die Datensammlung erfaßt in ihrer Breite alle für Modernisierungsleistungen relevanten Gewerke. Sie geht in ihrer Tiefe bis auf die Ebene der Positionen der Leistungsverzeichnisse (vgl. dazu Abschnitt 2.3.2). Die gesammelten Basisdaten wurden durch Bildung von Mittelwerten zu Basis-Aufwandskennziffern aufbereitet und umfassen jeweils die vier obengenannten Grundelemente für die Positionen jedes Gewerks.

Der *Stundenansatz*, also die Zeitgröße, bezieht sich auf den Stundenaufwand oder die Anzahl der Arbeitsstunden pro Leistungseinheit für zu verrichtende handwerkliche Arbeiten:

$$\text{Stundenansatz} = \frac{\text{Arbeitsstunden (Std.)}}{\text{Leistungseinheit (LE)}} \, .$$

Als Leistungseinheit wird die Bezugsgröße (z. B. Stück, m^2 oder m^3) einer Position bezeichnet.

Bei der Arbeitsstunde wird von einer durchschnittlichen oder Normalleistung ausgegangen, wie sie in den befragten Berliner Betrieben bei einer Modernisierung und den dabei sich ergebenden Arbeitsbedingungen ermittelt wurde.

Arbeitsstunden umfassen die
- Leistungsstunden, die einer im Leistungsverzeichnis erfaßten Position direkt zugerechnet werden können;
- Randstunden für Vorbereitungs- und Abschlußarbeiten, die für mehrfach wiederholte Leistungen einer Position anfallen, sowie für Stunden, die einer im Leistungsverzeichnis erfaßten Position nicht direkt zugerechnet werden können, wie Lade-, Transport- oder Aufräumstunden.

Die Lohnkosten ergeben sich durch Multiplikation der Stundenansätze mit dem *Kalkulationsmittellohn*. Der Kalkulationsmittellohn umfaßt einerseits den Wert der objektbezogenen Arbeitsleistung und der dispositiven Arbeitsleistung der Betriebs- und Geschäftsleitung sowie einen Teil für Wagnis und Gewinn, andererseits den Wert der Betriebsmittel.

Die Zusammensetzung des Kalkulationsmittellohns (Verrechnungslohn) je Stunde zeigt Abb. 3. Die Kostenentwicklung der lohngebundenen Kosten

Tariflohn
　　+ Bauausgleichsbetrag
　　+ Sommerlohnausgleich

= Gesamttariflohn
　　+ Zulage　　　　　　　　　　　Zulage besteht aus :

- Stammarbeiterzulage
- Leistungszulage zum Tariflohn
- Zeitzuschläge (z.B. Überstunden- oder Nachtzuschläge)
- Erschwerniszuschläge nach BRTV (Schmutzzulage)
- Vermögensbildung
- Anteil für Aufsichtskräfte (Poliere)

= Effektivmittellohn　　　　　　　Gemeinkostenzuschläge ergeben sich zum einen aus den
　+ Gemeinkostenzuschlag
　　einschließlich Wagnis
　　und Gewinn

- lohngebundenen Kosten (Sozialkosten) aufgrund gesetzlicher, tariflicher Vereinbarungen und freiwilliger Verpflichtungen, sowie lohnabhängiger Kosten, also betrieblicher Sozialkosten, Haftpflicht und Organisationsbeiträgen
- Lohnnebenkosten (Auslösung, Wegekostenerstattung, Verpflegungszuschuß)

　und zum anderen aus

- Baustellen-Einzelkosten (Gemeinkosten der Baustelle) einschließlich Führungspersonal (wie Bauleiter)
- Betriebs-Einzelkosten (allgemeine Geschäfts-und Verwaltungskosten) sowie
- Wagnis und Gewinn (mit ca. 4% angenommen)
　(Es können auch Nachlässe angesetzt werden, um u.a. den Preisbildungsprozeß vorzuvollziehen)

= Kalkulationsmittellohn (KML)
　(Verrechnungslohn)

Abb. 3. Zusammensetzung des Kalkulationsmittellohns

und der Lohnnebenkosten für das Bauhauptgewerbe ist im Anhang 7.5 dargestellt.

Dem bei den Berliner Betrieben verschiedener Gewerke erfragten Kalkulationsmittellohn, der die Gemeinkosten mit einschließt, liegen Arbeiten zur durchgreifenden Modernisierung vier- bis fünfgeschossiger Berliner Miethäuser zugrunde. Die befragten Betriebe gingen im allgemeinen von einer „Kalkulation mit vorausbestimmten Zuschlägen" aus, bei der die Baustellen-Einzelkosten (Gemeinkosten der Baustelle) und die umsatzbezogenen Betriebs-Einzelkosten (allgemeine Geschäfts- und Verwaltungskosten sowie Wagnis und Gewinn) nicht für jedes Angebot einzeln berechnet werden. (Abschnitt 4.1). Diese Gemeinkosten werden bei den Lohn- und Materialkosten mit Hilfe konstanter, prozentualer Zuschlagssätze berechnet, die im Kalkulationsmittellohn und durch den Materialgemeinkostenzuschlag berücksichtigt werden.

Nicht angewendet wird hier eine „Kalkulation über die Angebotssumme", bei der die Gemeinkosten, also der Baustelle, des Betriebs sowie Wagnis und Gewinn für jedes Bauvorhaben von neuem berechnet werden.

Als drittes und viertes Grundelement der Aufwandskennziffern sind die Materialkosten ohne Zuschlag und der prozentuale Materialgemeinkostenzuschlag aufzuzählen.

Materialkosten ohne Zuschlag beziehen sich je nach fertigungstechnischem Einsatz auf drei geläufige Stoffgruppen:

– Baustoffe. Dies sind alle Stoffe, die Bestandteil des Bauwerks werden, wie Zuschlagsstoffe, Steine, Betonstahl, Fertigteile usw.;
– Bauhilfsstoffe wie Rüst-, Schal- und Verbaustoffe etc. Sie werden als Hilfsmittel zur Bauausführung gebraucht oder verbraucht und werden in der Regel nicht Bestandteil des Bauwerks;
– Baubetriebsstoffe. Dies sind Stoffe, die für das Betreiben der auf der Baustelle eingesetzten Maschinen und Geräte oder zur Wärmeerzeugung benötigt werden, wie Strom, Benzin, Dieselöl, Heizöl, Schmierstoffe und Reinigungsmittel.

Die Zusammensetzung der Materialkosten zeigt Abb. 4.

Das vierte Grundelement, also der *Materialgemeinkostenzuschlag*, soll zur Deckung der Materialgemeinkosten, also eines Teils der Kosten der Baustelle und des Betriebs, beitragen.

Dieser Materialgemeinkostenzuschlag kann umfassen:

– die Kosten der Materialwirtschaft wie des Einkaufs, des Lagerwesens und der Materialkontrolle;
– einen Zuschlag für Zinsen;
– einen Anteil für Wagnis und Gewinn.

Der Begriff „Aufwandskennziffern" wurde um das Wort „Basis" erweitert, um zu verdeutlichen, daß es sich bei den „Basis-Aufwandskennziffern" um Ausgangs- oder Grundgrößen handelt, aus denen entsprechende Größen – also ebenfalls Aufwandskennziffern – für Elemente höherer Gliederungsebenen aufgebaut werden (Abb. 5).


```
  Einkaufspreis
  ./. Vorsteuer ( Umsatzsteuer, MWSt )
  ./. Skonto, Rabatte etc.
  ─────────────────────────────────────
= Nettoeinkaufspreis
    + Bezugsspesen ( Zustellungskosten frei Baustelle,
      z.B. Frachtkosten oder Kosten für das Auf- und
      Abladen auf dem Bauhof )
  ─────────────────────────────────────
= Einstandspreis
    + Kosten für Materialverluste ( z.B. bei Transport,
      Lagerung und bei der Verarbeitung )
  ─────────────────────────────────────
= Materialkosten ( ohne Zuschlag )
```

Abb. 4. Zusammensetzung der Materialkosten

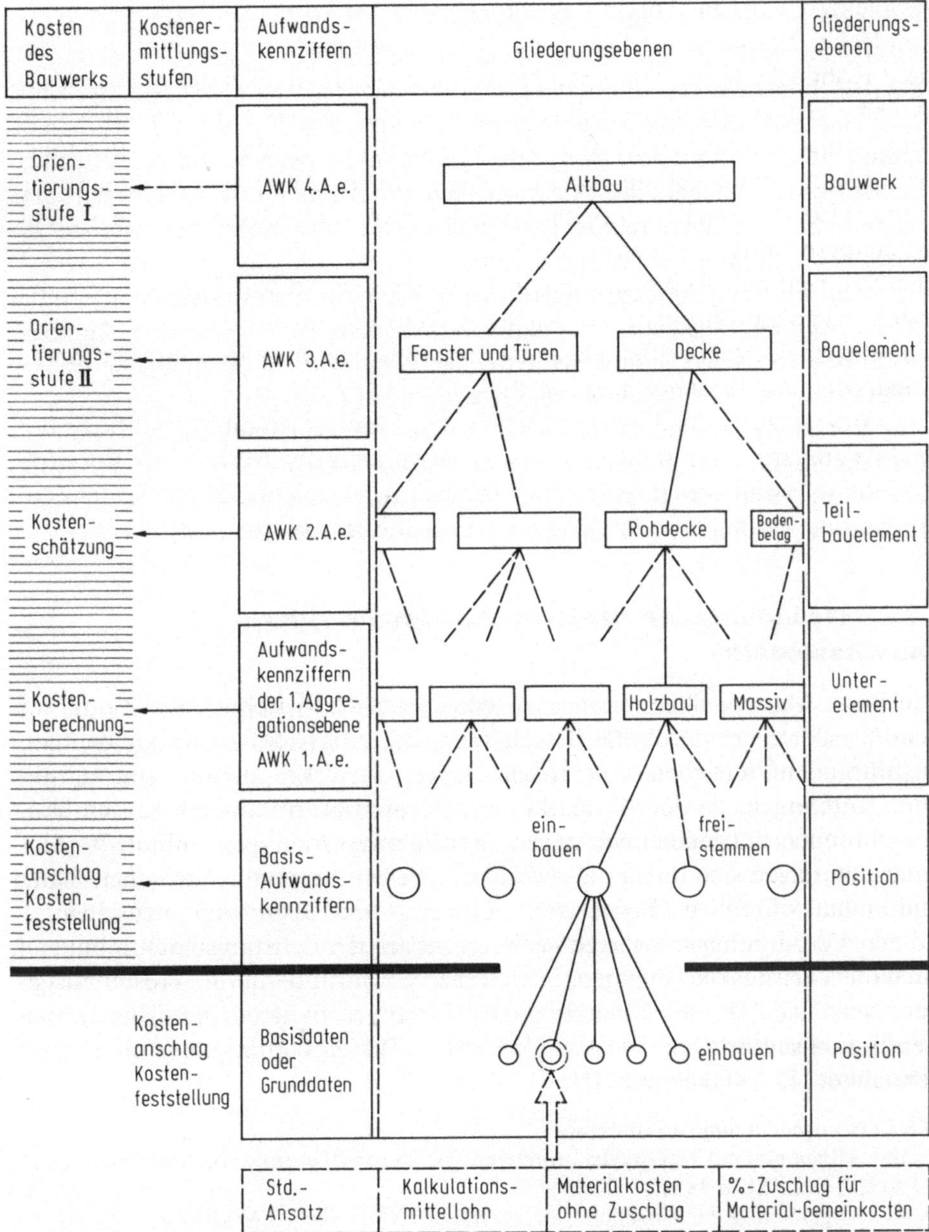

Abb. 5. „Kosten des Bauwerks" auf den jeweiligen Aggregationsebenen

Die in Abb. 5 in der rechten Spalte dargestellten Gliederungsebenen basieren auf der in Abb. 6 beschriebenen Gliederung des Bauwerks in große funktionale Bauelemente wie Wand, Fenster und Türen, Decke, Treppe usw., die weiter in ihre Bestandteile oder Teilbauelemente und diese wieder in Unterelemente und schließlich in Positionen zerlegt worden sind.

Beispielhaft wird in Abb. 5 das Bauelement Decke in die Teilbauelemente Rohdecke, Bodenbelag, Deckenbekleidung aufgeteilt und das Teilbauelement Rohdecke wiederum in die Unterelemente Holzbalkendecke oder Massivdecke gegliedert, die sich ihrerseits aus den Einzelpositionen aufbauen. Durch die Zusammenfassung der positionsbezogenen Basis-Aufwandskennziffern entstehen die Aufwandskennziffern der ersten Aggregationsebene, also der noch relativ fein gegliederten Unterelemente, wie sie zur Kostenberechnung verwendet werden.

In einem weiteren Aggregationsschritt werden die Aufwandskennziffern der ersten Aggregationsebene zu Aufwandskennziffern der zweiten Aggregationsebene, also der Teilbauelemente, zusammengefaßt, die in ihrer gröberen Gliederung zur Kostenschätzung geeignet sind (Abb. 5).

Zur Vorschätzung der Kosten im frühesten Planungsstadium sind noch höhere Aggregationen nützlich wie etwa Aufwandskennziffern je m^2 Wohnfläche oder je Wohneinheit, bei deren Bildung auch Gesichtspunkte berücksichtigt werden können wie Baujahr des Hauses oder Bauzustand.

2.3.2 Gewinnung der Basis-Aufwandskennziffern aus Basisdaten

Die Basis-Aufwandskennziffern wurden durch statistische Auswertung aus den Basisdaten ermittelt. Die Beschaffung dieser Basisdaten erfolgte bei bauausführenden Betrieben aller einschlägigen Gewerke anhand von Verdingungsunterlagen, da der Architekt seine Kosteninformationen bei den bauausführenden Betrieben auch durch Verdingungsunterlagen einholt. Verdingungsunterlagen sind daher als wichtiger „Berührungspunkt" zwischen Planer und bauausführenden Betrieben im Planungs- und Bauprozeß anzusehen.

Zu den Verdingungsunterlagen gehören neben den Leistungsbeschreibungen auch die Vertragsbedingungen, von denen ein Einfluß auf die Kosten ausgeübt wird. Die für die Sammlung der Daten erarbeiteten praxisbezogenen Verdingungsunterlagen werden hier als „Muster-Verdingungsunterlagen" bezeichnet [4, Anlageband II].

Die *Vertragsbedingungen* umfassen
- die „Allgemeinen Vertragsbedingungen für die Ausführung von Bauleistungen" VOB, Teil B, DIN 1961 (VOB/B);
- die „Allgemeinen Technischen Vorschriften" VOB, Teil C (VOB/C);
- die „Zusätzlichen Technischen Vorschriften" (ZTV);
- die „Zusätzlichen Vertragsbedingungen" (ZVB);
- die „Besonderen Vertragsbedingungen" (BVB).

Bei den *Leistungsbeschreibungen* unterscheidet die VOB zwei Arten, eine mit Leistungsprogramm, die sogenannte „Funktionale Leistungsbeschreibung" (FLB) und die andere mit Leistungsverzeichnis. Bei der Altbaumodernisierung wird fast ausschließlich die letztere verwendet, weil sie bisher zu niedrigeren Angeboten führte als bei der Verwendung der FLB. Leistungsbeschreibungen mit Leistungsverzeichnis wurden bei der Sammlung der Basisdaten deshalb zugrunde gelegt, weil sie von einer detaillierten Beschreibung der Modernisierungsleistungen nach Positionen bzw. Teilleistungen der Gewerke ausgehen.

Die für alle im Modernisierungssektor tätigen Gewerke einzeln aufgestellten Leistungsverzeichnisse berücksichtigen die Forderungen der VOB, insbesondere Teil A, § 9, Abs. 1 bis 9 und beziehen sich auf

- eine „durchgreifende Modernisierung" mit umfangreichen Modernisierungsmaßnahmen ($\leq 70\%$ vergleichbarer Neubaukosten eines entmieteten vier- bis sechsgeschossigen Miethauses der Baujahre 1870 bis 1918, um alle üblicherweise vorkommenden Leistungen zu erfassen;
- einen jedoch bei der Modernisierung gegenüber dem Neubau verringerten Wohnungsstandard;
- eine Elementgliederung, die es ermöglicht, einzelne Positionen den Elementen zuzuordnen, aber auch den Verschleißgrad eines Elements sowie die Ausstattung der Wohnung zu berücksichtigen.

Darüber hinaus wurden die Basisdaten in die vier Grundelemente der Aufwandskennziffern, also

- die Materialkosten ohne Zuschlag;
- die Stundenansätze je Position;
- den prozentualen Materialgemeinkostenanteil;
- den Kalkulationsmittellohn je Leistungsverzeichnis

aufgeteilt.

Zur Sammlung der Daten wurden 17 gewerkespezifische Leistungsverzeichnisse aufgestellt, die eine übliche Betriebstiefe der bauausführenden Betriebe in der Modernisierungspraxis berücksichtigen.[1]

Die Sammlung der Kalkulations-Basisdaten anhand der einzelnen Muster-Leistungsverzeichnisse erfolgte von Januar bis März 1978 bei bauausführenden Berliner Betrieben.

Die Datenerhebung für jedes Leistungsverzeichnis wurde bei zwei oder drei Kleinstbetrieben (1 bis 10 Mitarbeiter), bei zwei oder drei kleinen Betrieben (21 bis 100 Mitarbeiter) und bei ein oder zwei mittelständischen Unternehmen (101 bis 500 Mitarbeiter) durchgeführt, soweit bei den einzelnen Gewerken Betriebe dieser Größenordnungen in der Modernisierungspraxis tätig waren. Es wurden bauausführende Betriebe herangezogen, welche die nachgefragten Modernisierungsleistungen „in eigener Regie" seit mehreren Jahren durchführten und damit über entsprechende Zahlen aus der Nachkalkulation oder aus der Erfahrung verfügten.

---

1 Diese 17 gewerkespezifischen Muster-Leistungsverzeichnisse mit den Basis- und Aufwandskennziffern können einzeln beim Verlag bezogen werden (Gliederung vgl. Angang 7.1, S. 126 ff)

Unternehmen führen Modernisierungsleistungen „in eigener Regie" durch, wenn sie diese Arbeiten mit firmenzugehörigen Fachkräften durchführen und nicht durch Subunternehmer vornehmen lassen [26, S. 24].

Zur Gewinnung der Basisdaten wurden von den ausgewählten bauausführenden Unternehmen – anhand der Leistungsverzeichnisse und unter Zugrundelegung der obengenannten Vertragsbedingungen – Kalkulationswerte erbeten,

- die von einer kostendeckenden Kalkulation bei durchschnittlicher Konjunktur ausgehen und darüber hinaus einen Wagnis- und Gewinnanteil von 4 % bei den Materialkosten und dem Kalkulationsmittellohn berücksichtigen;
- die für einen Einheitspreisvertrag gelten;
- die von der Modernisierung jeweils eines einzelnen entmieteten Berliner Mietshauses ausgehen;
- die auf dem Auftrag eines soliden privaten Bauherrn (Auftraggeber) basieren;
- die alle persönlichen Geschäftsbeziehungen zu dem Bauherrn oder dem Planer – sei es im negativen oder positiven Sinn – außer acht lassen;
- die von einer durchschnittlichen Qualität der Bauleitung und Ablaufplanung durch den Planer, also von durchschnittlichen Arbeitsbedingungen, ausgehen;
- die keine besonderen Auflagen hinsichtlich Lärm, Arbeitszeit etc. berücksichtigen müssen.

Aufgrund der für 17 verschiedene Gewerke aufgestellten Leistungsverzeichnisse wurden unter Berücksichtigung der obengenannten Voraussetzungen bei jeweils fünf bis acht bauausführenden Unternehmen Basisdaten gesammelt. Die Anzahl der Betriebe eines Gewerks, die befragt wurden, richtete sich nach dem prozentualen Kostenanteil dieses Gewerks an den Gesamtkosten des Bauwerks.

Insgesamt wurden Basisdaten von 74 Berliner Unternehmen aller auf dem Modernisierungssektor tätigen Gewerke eingeholt. Einige der 74 befragten Betriebe umfaßten mehrere Gewerke, so daß sich eine Anzahl von 95 befragten Gewerken ergab.

Ergebnis dieser Befragung ist eine Datensammlung, die

- 95 gewerkespezifische Kalkulationsmittellohnberechnungen;
- 95 gewerkespezifische prozentuale Materialgemeinkostenzuschläge;
- ca. 9000 Stundenansätze für die einzelnen Positionen;
- ca. 9000 positionsbezogene Materialkostenwerte ohne Zuschlag umfaßt.

Einer Prüfung der Angemessenheit und Aktualität der gesammelten Basisdaten wurde besondere Aufmerksamkeit gewidmet.

Aus den Basisdaten wurden durch statistische Mittelbildung und Auswertung die „Basis-Aufwandskennziffern" gewonnen [4, S, 69 ff.]. Für die Auswertung der Basisdaten wurden die folgenden Grenzwerte der relativen

Standardabweichungen S_R festgelegt, die als obere und möglichst nicht zu
überschreitende Grenze angesehen wurden:
- Materialkosten ohne Zuschlag und Stundenansätze (Std.):
  S_R Grenze $\leq 30\%$;
- Kalkulationsmittellohn (KML) und Materialgemeinkostenzuschlag
  (MGK-Zuschlag): S_R Grenze $\leq 10\%$.

Die Standardabweichung errechnet sich nach der Formel:

$$S_R = \frac{100}{\bar{x}} \sqrt{\frac{1}{n-1} \sum_{i=1}^{n} (x_i - \bar{x})^2} \, \%$$

x_i = voneinander unabhängige Einzelwerte x_i bis x_n der Basisdaten,
$\bar{x}$ = arithmethisches Mittel.

Das geringe Grenz-Streuungsmaß $S_R \leq 10\%$ für den Kalkulationsmittellohn und den
Materialgemeinkostenzuschlag konnte der Auswertung zugrundegelegt werden, weil
die einzelnen Fachunternehmen in ihren Kalkulationen häufig die entsprechenden
Berechnungen ihrer Innungen oder Fachverbände verwenden.
Wenn die Grenzen der Standardabweichungen überschritten wurden, erfolgte eine
nochmalige Erhebung und Überprüfung der dazugehörigen Basisdaten.

Die so gewonnenen *Basis-Aufwandskennziffern* wurden anschließend zu den
für die Kostenberechnung zweckmäßigen Aufwandskennziffern der ersten
Aggregationsebene und danach zu den für die Kostenschätzung geeigneten Aufwandskennziffern der zweiten Aggregationsebene zusammengefaßt
(Abb. 5).

2.3.3 Aufwandskennziffernmethode zur Kostenschätzung und -berechnung

Die für eine frühe Kostenermittlung verwendeten Begriffe „Kostenschätzung" und „Kostenberechnung" enthalten ein grundsätzliches Element
an sprachlicher Unschärfe.
Einerseits liegt jeder Schätzung ein – wenn auch noch so kleines und manchmal unbewußtes – Volumen an Informationen zugrunde, so daß die Schätzung stets einen gewissen Berechnungsanteil enthält. Andererseits enthält
jede Kostenberechnung, auch wenn der Berechnungsanteil aufgrund um-
fangreicher vorliegender Informationen groß ist, stets ein Element der Schätzung. Der Wahrscheinlichkeitsgrad des Zutreffens einer Kostenermittlung
wird durch diese sprachliche Unschärfe des komplementären Begriffspaars
Schätzung und Berechnung nur undeutlich wiedergegeben. Mit zunehmender
Information erhöht sich der Berechnungsanteil und damit der Wahrscheinlichkeitsgrad des Zutreffens einer Kostenermittlung.
Auch der zur Kostenermittlung gehörende Kostenanschlag ist im Grunde
genommen nichts anderes als eine auf Schätzung und Berechnung beruhende
Zahl, die lediglich auf fortgeschrittenem Informationsvolumen – nämlich den
Angeboten der Auftragnehmerbetriebe – aufbaut.

Erst die Kostenfeststellung nach Abschluß eines Projekts liefert die tatsächlichen Kosten des Bauwerks. Da der Kostenfeststellung weder Berechnungs- noch Schätzungsunschärfen überlagert sind, hat die Wahrscheinlichkeit hier einen Wert 1 oder 100 % erreicht. Das Ergebnis jeder Kostenermittlung vor der Feststellung der Ist-Kosten wird in diesem Buch mit dem Begriff Soll-Kosten bezeichnet.

Unabhängig von der erörterten Begriffsunschärfe sollen hier die Begriffe Kostenschätzung und Kostenberechnung in der ihnen nach DIN 276 zugewiesenen Bedeutung verwendet werden.

Die zur Kostenschätzung (Methode I) und Kostenberechnung (Methode II) aufgestellte AWK-Methode stellt den wesentlichen Teil des Kosteninformationssystems oder des prozeßbegleitenden Kostenermittlungsverfahrens dar.

Die AWK-Methode basiert auf zwei Informationskomplexen,

– dem ersten Komplex, bestehend aus den Grundinformationen zum Modernisierungsvorhaben und
– dem zweiten Komplex, bestehend aus der Elementgliederung mit den dazugehörigen Aufwandskennziffern.

Die AWK-Methoden I und II sind im Anhang in den Formblättern mit Zahlenbeispielen dargestellt.

Der *erste* Informationskomplex, also die Grundinformationen, dient zur Objektkennzeichnung, wie Standort und Straße, zur graphischen Opjektdarstellung und zur Auflistung wichtiger Kostenfaktoren wie Bauwerks- oder Markteinflüssen (Abschnitte 3.2 und 3.3).

Der *zweite* Komplex, also die Gliederung in Elemente mit den dazugehörigen hoch aggregierten Aufwandskennziffern, dient primär zur Ermittlung der Modernisierungskosten.

Bei der Aufstellung der Elementgliederung wurden Forderungen bezüglich der Planung, der Kosten, der Herstellung und der Bausubstanz sowie der einschlägigen Gesetze erfüllt.

Die Elementgliederung umfaßt funktionale *Planungs-* bzw. Entwurfselemente wie Gründung, Wand, Fenster und Türen, Dach, Fassade und Installationen, die weiter in vom Planer zweckmäßig zu bearbeitende, leicht überschaubare Teilkomplexe zerlegt worden sind (Abb. 6). So wird z. B. das Bauelement Decke aufgeteilt

– in die Teilbauelemente Rohdecke, Bodenbelag, Deckenbekleidung usw. und das Teilbauelement Rohdecke wiederum
– in die Unterelemente Holzbalkendecke und Massivdecke.

Eine solche Elementunterteilung wurde gewählt, weil sie es erlaubt, verschiedene Planungsalternativen mit Hilfe der Aufwandskennziffern kostenmäßig leicht zu beurteilen.

Bei der Zusammenstellung der Elemente, insbesondere der Teilbau- und Unterelemente, ist es wichtig, neben funktionsorientierten Überlegungen vor allem den durchschnittlichen prozentualen Anteil des jeweiligen Elements an

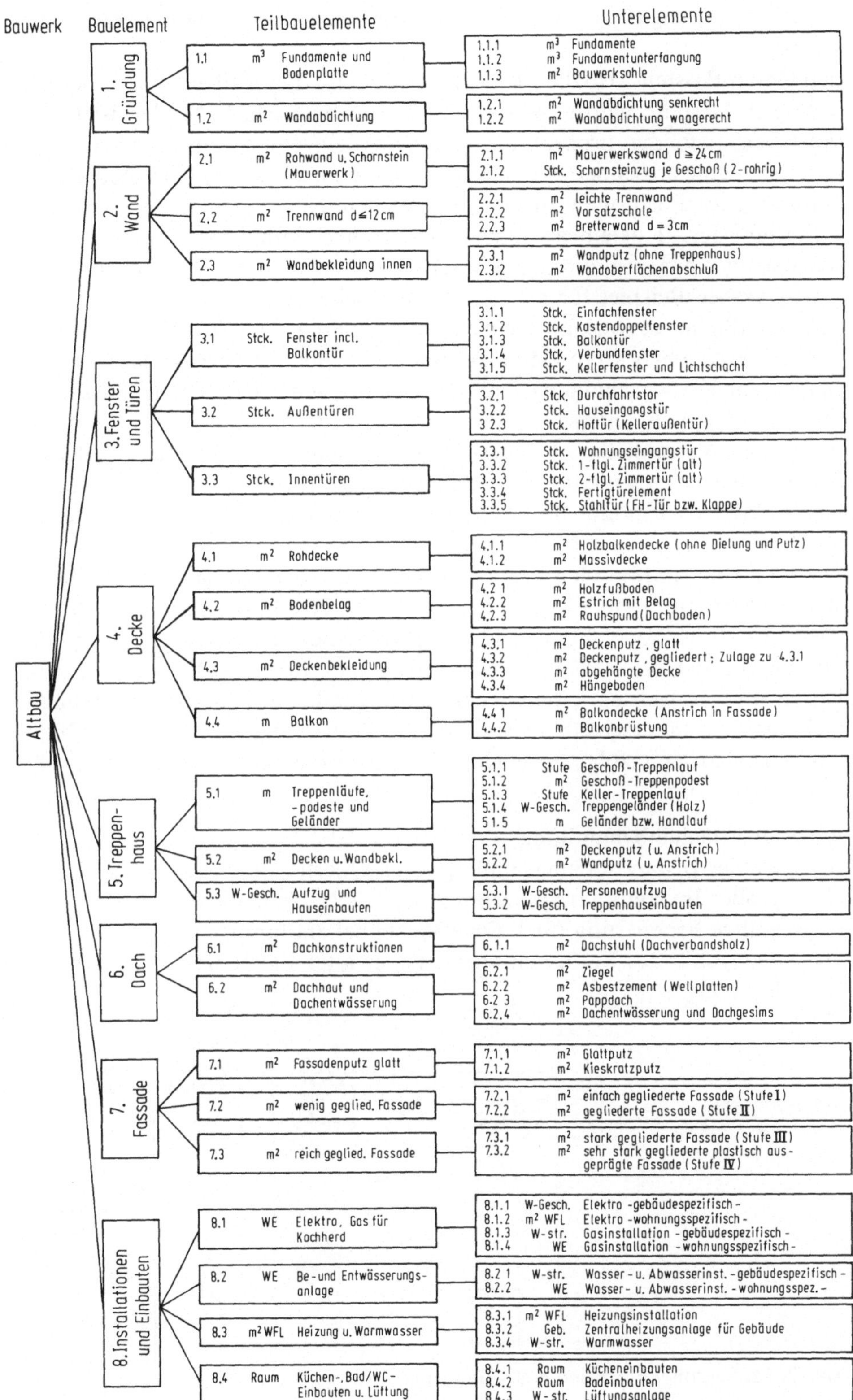

Abb. 6. Hierarchie der Elemente

den Gesamtkosten, also die „*Kostenträchtigkeit*" dieses Elements, zu berücksichtigen. Deshalb wurde bei vier abgerechneten Berliner Modernisierungsvorhaben auch der prozentuale Anteil der einzelnen Bau-, Teilbau- und Unterelemente errechnet, wie er sich aus der Zuordnung der einzelnen Teilleistungen oder Positionen zu den entsprechenden Elementen ergab. Dieses Kriterium der „Kostenträchtigkeit" ist bei herkömmlichen Methoden vernachlässigt worden und daher Ursache erheblicher Fehlschätzungen.

Ein typisches Beispiel für eine solche Fehlschätzung ist die bei Altbauten kostenmäßig meist stark ins Gewicht fallende Putz- und Stuckfassade. Sie ist bei herkömmlichen Methoden nicht unterteilt. Bei den vorgeschlagenen Methoden zur Kostenschätzung und -berechnung wird das Element Fassade in mehrere Gruppen unterschiedlich reicher Gliederung aufgeteilt, die weiter nach ihrem Verschleißgrad eingestuft sind (Anhang 7.2). Bei der Gliederung der Bauelemente wurde darüber hinaus versucht, sie kostenmäßig so aufzuteilen, daß in bezug auf die Kosten ähnlich große Teilbau- und Unterelemente entstehen.

Die Elemente sind im Gegensatz zum Neubau – bei dem ja alles neu hergestellt werden muß – hier in vier Kategorien eingeteilt, die den unterschiedlichen Erhaltungs- oder Verschleißgrad pro Element berücksichtigen und damit die Forderung bezüglich *Herstellung und Kosten*. Die Teilbau- und Unterelemente werden jeweils nach den folgenden erforderlichen Maßnahmekategorien unterschieden (Abb. 7). Die Zuordnung zu einer dieser Maßnahmekategorien erfolgt bei einem Element nur so weit, wie es auch in der Praxis üblich ist.

A = Oberflächenbehandlung,
B = kleiner Instandsetzungsumfang (incl. Oberflächenbehandlung),
C = großer Instandsetzungsumfang (incl. Oberflächenbehandlung),
D_1 = völlige Erneuerung (incl. Oberflächenbehandlung),
D_2 = dazugehöriges Entfernen vorhandener alter Elemente,
D = $D_1 + D_2$.

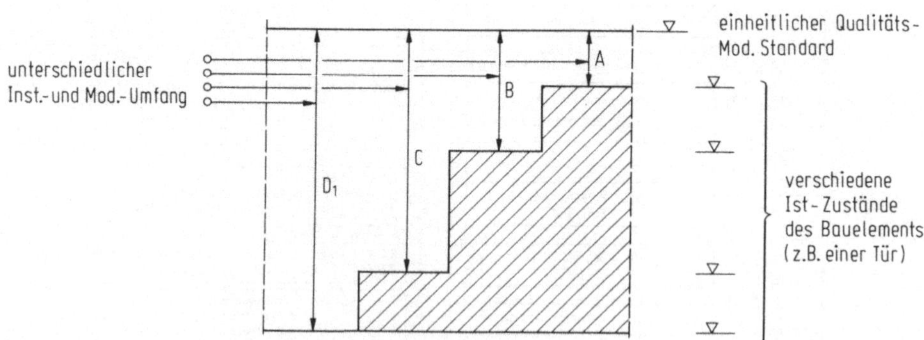

Abb. 7. Maßnahmekategorien eines Elements

Aus vier abgerechneten Berliner Modernisierungsvorhaben wurde für die nach Maßnahmekategorien eingestuften Elemente (z. B. Fenster, Kategorie C) ermittelt, mit welchem Anteil die zugehörigen gewerkebezogenen Positionen im Durchschnitt bei den Kategorien auftreten.

Bei der Aufstellung der Elementgliederung wurden *einschlägige Gesetze* und Richtlinien wie z. B. ein WFB-Modernisierungsstandard [61] berücksichtigt. Auch wurde eine Aufteilung in Instandsetzungs- und Modernisierungkosten im engeren Sinne durchgeführt, um Finanzierungsüberlegungen, z. B. nach dem ModEnG und nach dem StBauFVwV, zutreffend vornehmen zu können.

Zum zweiten Komplex der AWK-Methode gehören neben der Elementgliederung auch die entsprechenden Aufwandskennziffern, die anstelle der Kosten je Bezugseinheit treten.

Aus den auf die Positionen einzelner Gewerke im Muster-Leistungsverzeichnis bezogenen Basis-Aufwandskennziffern werden die Aufwandskennziffern für die Unterelemente – also der ersten Aggregationsstufe – für die Kostenberechnung gebildet (Formblatt 3, Anhang 7.3.2). Aus diesen gewerkebezogenen Aufwandskennziffern der Unterelemente entstehen die ebenfalls gewerkebezogenen Aufwandskennziffern der Teilbauelemente – auf der zweiten Aggregationsstufe – für die Kostenschätzung (Formblatt 4, Anhang 7.3.3). Sowohl bei den Unterelementen als auch bei den Teilbauelementen erfolgt eine Unterteilung der Aufwandskennziffern nach den erforderlichen Maßnahmekategorien. Diese gewerkebezogenen Aufwandskennziffern pro Maßnahmekategorie der Unter- bzw. Teilbauelemente sind auf den Berechnungsblättern für die AWK-Methoden I c und II c, also zur Ermittlung der einzelnen Gewerkekosten, eingetragen (Anhang 7.4.2.2).

Die Unterteilung der gewerkebezogenen Aufwandskennziffern für Unterelemente und Teilbauelemente und deren Maßnahmekategorien in die vier Grundelemente also in

– Arbeitsstunden;
– Kalkulationsmittellohn;
– Materialkosten;
– Materialgemeinkostenzuschlag

erlaubt es, die Preisermittlung bauausführender Betriebe sogar je Gewerk, aber auch den sich aufgrund der Marktlage abspielenden Preisbildungsprozeß, weitgehend zu berücksichtigen.

Um in den verschiedenen Stufen des Planungsprozesses auf einfache Weise eine Schätzung (Methode I) und eine Berechnung (Methode II) der Modernisierungskosten vorzunehmen, ist es notwendig, für die Ermittlung der Elementeinzelkosten gemeinsame, für alle Gewerke gültige Bezugsgrößen, also einen gemeinsamen Kalkulationsmittellohn aller Gewerke und einen gemeinsamen prozentualen Materialgemeinkostenzuschlag aller Gewerke (a. G.), einzuführen. Diese gemeinsamen Bezugsgrößen werden auf dem Formblatt 2 (s. Anhang 7.3.1, Tabelle 7) ermittelt.

Der Kalkulationsmittellohn a. G. berücksichtigt den durchschnittlichen prozentualen Lohnkostenanteil (Tabelle 1, Formblatt 5) eines Gewerks an den Gesamtlohnkosten. Die gewerkebezogenen Stundenansätze werden (Anhang 7.3.2, Formblatt 3) mit einem Faktor multipliziert, der dem Verhältnis des gewerkebezogenen Kalkulationsmittellohns zu dem Kalkulationsmittellohn a. G. entspricht.

Der Materialgemeinkostenzuschlag a. G. entsteht unter Beachtung der durchschnittlichen prozentualen Materialkostenanteile auf die gleiche Weise (Anhang 7.3.1, Tabelle 7, Formblatt 2). Auch die gewerkebezogenen Materialkosten werden auf dem Formblatt 3 mit einem Faktor multipliziert, der dem Verhältnis des gewerkebezogenen Materialgemeinkostenzuschlags zu dem Materialgemeinkostenzuschlag a. G. entspricht.

Die umgerechneten Stundenansätze und Materialkosten, sowie der Kalkulationsmittellohn a. G. und der Materialgemeinkostenzuschlag a. G. werden als Aufwandskennziffern der ersten Aggregationsebene, also der Unterelemente, bezeichnet und auf den Berechnungsblättern der AWK-Methode IIa und IIb eingetragen (Anhang 7.4.2.1).

Für die Teilbauelemente, also die zweite Aggregationsebene, erfolgt die Ermittlung der umgerechneten Aufwandskennziffern, also der Stundenansätze und der Materialkosten pro Maßnahmekategorie, in ähnlicher Weise auf dem Formblatt 4 (Anhang 7.3.3). Diese umgerechneten Aufwandskennziffern sind auf den Berechnungsblättern der AWK-Methode Ia und Ib eingesetzt (Anhang 7.4.1).

Eine Anpassung der Aufwandskennziffern an zeitbedingte Kostenänderungen in den AWK-Methoden erfolgt nicht mit Hilfe eines Baupreisindex, sondern wird nach dem im folgenden Abschnitt dargestellten Verfahren vorgenommen.

2.3.4 Anpassung der Aufwandskennziffern

Die Anpassung der Mengen- und Wertgerüste einer Kostenschätzungs- bzw. Kostenberechnungsmethode an zeitbedingte Veränderungen der Kosten hat einen starken Einfluß auf das Ausmaß der Abweichungen zwischen Soll- und Ist-Kosten im Planungs- und Bauprozeß.

Ein bisher im Altbausektor übliches Verfahren besteht in der Anpassung der Modernisierungskosten mit Hilfe des Baupreisindex aus dem Neubaubereich, da für Modernisierungsleistungen im Altbau bisher kein Baupreisindex aufgestellt worden ist. Hierdurch ergeben sich erhebliche Abweichungen von den tatsächlich entstehenden Modernisierungskosten.

Die Gründe können u. a. darin liegen daß
- der Baupreisindex nicht die betriebspolitischen Entscheidungen eines bauausführenden Unternehmens berücksichtigt, weil z. B. „zwischen der Kalkulationsabteilung, die der amtlichen Statistik kalkulierte Angebotspreise

meldet, und der Geschäftsleitung, die bei rückläufiger Konjunktur in harten Verhandlungen Nachlässe geben muß" [28, S. 121], oft keine Kommunikation besteht;

- die Preise der bauausführenden Betriebe im Neubau sich von ähnlichen Teilleistungen bei einer durchgreifenden Modernisierung im gleichen Zeitraum unterscheiden;
- der Lohnanteil bei einer durchgreifenden Modernisierung höher liegt als im Neubaubereich und daß somit die im Vergleich zu den Materialkosten stärker steigenden Lohnkosten die Modernisierungskosten stärker beeinflussen als die Neubaukosten und den damit verbundenen Baupreisindex;
- die Zusammensetzung der prozentualen Wägungsanteile für den Preisindex der Gewerke im Neubau, die sich aus den Regelbauleistungen der einzelnen Gewerke ergibt, eine andere ist, als die Zusammensetzung im Modernisierungsbereich [10].

Um die Nachteile zu vermeiden, die in der Verwendung des Baupreisindex aus dem Neubaubereich liegen, sollen bei den folgenden Verfahren zur Anpassung der Aufwandskennziffern die tatsächlichen Kostensteigerungen berücksichtigt werden, welche die bauausführenden Unternehmen zu tragen haben. Unter tatsächlichen Kostensteigerungen sollen sowohl zeitbedingte Steigerungen der Materialkosten als auch Erhöhungen der Lohnkosten wie Tariflöhne, Sozialabgaben etc. verstanden werden.

Die Auswirkungen des Preisbildungsprozesses auf das Mengen- und Wertgerüst als Folge einer Hochkonjunktur oder Rezession sowie Preisnachlässe oder -aufschläge gegenüber einem Bauherrn und ähnliches werden hier nicht weiter erläutert, sondern in den Abschnitten 3.3 und 4.1 behandelt.

Da die Veränderungen bei Lohn- und Materialkosten unterschiedlich verlaufen, wird bei der Anpassung der Aufwandskennziffern, wie auch bei der AWK-Methode, zwischen Lohn und Material unterschieden.

Der *Lohnkostenanteil* ergibt sich bei der AWK-Methode aus der Summe der Stundenansätze, multipliziert mit dem Kalkulationsmittellohn aller Gewerke.

Einzelne Stundenansätze für den Arbeitsaufwand an einem Element sollten dann aktualisiert werden, wenn starke Abweichungen aufgrund von Änderungen der Akkordtarifverträge eingetreten sind, oder wenn infolge des technischen Fortschritts der Stundenaufwand reduziert werden kann.

Der Kalkulationsmittellohn aller Gewerke (KML a. G.) sollte bei den üblichen jährlichen Kostenveränderungen aufgrund der Tariferhöhungen der Gewerke am 1. Januar und am 1. Mai, sowie sonstiger Kostensteigerungen der Unternehmen, angepaßt werden. Eine Anpassung des Kalkulationsmittellohns aller Gewerke zeigt beispielhaft Tabelle 1 (Formblatt 5). In den Spalten a und b werden unter A bis G die Innungen und Fachverbände und die Gewerke, die sie vertreten, aufgelistet. Die Innungen sind nach dem Termin der Lohntariferhöhungen, also dem 1. Mai bzw. dem 1. Januar, in zwei

Tabelle 1. Anpassung des Kalkulationsmittellohns aller Gewerke (Formblatt 5)

In-nung	Gewerk oder Leistungs-verzeichnis	Berufsbe-zeichnung bzw. Lohngruppe	Gesamt-tariflohn bzw. Tarif-lohn	pro-zen-tual. An-pass.-fakt.	Zulage		Effektiv-mittellohn
					1978	19..	
			DM/h	%	%		DM/h
a	b	c	(1)	(2)	(3)		(4)=(1)x(2)x(3)
I.	Lohntarife 01.Mai						
A	Baugewerbe-Innung						
	1. Bauh.	Maurer III2			36		
	2. Holz-schutz	Zimme-rer III2			36,8		
	5. Putz-u. Stuck	Stukka-teur III3			42,5		
	6. Flie-senarb.	Fliesen-leger III2			-		
	12. Estrich	Estrich-leger III2			20		
	17. Abdicht.	Estrich-leger III2			36		
C	Maler-u. Lack.-In. 11.Malerarb.	Geselle L.gr. 2			20		
F	Dachdeck.-In. 3.Dachdeck.	Geselle L.gr. 1			26,5		
G	Glaser-In. 10.Glaserarb.	Geselle L.gr. 2			15		
II.	Lohntarife 01.Jan.						
B	Inn.f.Sani-tär-,Heiz.- u. Klimatech.						
	4.Klempner.	Mont.L.gr.VI			23,8		
	13.Lüft.arb.	Mont.L.gr.VI			19		
	14.Heiz.arb.	Mont.L.gr.VI			5		
	15.Be-u.Entw.	Mont.L.gr.VI			5		
D	Tischler-In.						
	7.Tischler.	Fachkräfte			25		
	8.Drechsl.	n.20.L.j.			32		
E	Metall-u. Kunst.-sowie Elektr.-In.						
	9.Schlosser	L.gr. 5			26,4		
	16.Elektro.	L.gr. 5			25		
Ausführungszeit von: .... 19.. bis .... 19.. ;							

Gemeinkostenzuschläge (zuzüglich Anpassungsfaktor Bauzeit)						K M L je Gewerk	Lohnanteil der Gesamtlohnkosten	anteiliger K M L a. G.
Lohngebundene Kosten		Baust.-, Betriebs-Lohnnebenk.u.W+G		Summe der Zuschläge				
1978	19..	1978	19..	1978	19..	19..	1978	19..
%		%		%		DM/h	%	DM/h
(5)		(6)		(7)=(5)+(6)		(8)=(4)x(7)	(9)	(10)=(8)+(9)
68		52		120			46,4	
68		39		107			0,4	
68		62		130			7,5	
60		25		85			1,5	
68		49		117			1,9	
68		50		118			0,4	
53		64,6		117,6			12,5	
64		59		123			1,6	
64		90		154			0,7	
72		41,2		113,2			1,2	
72		62		134			0,4	
72		48		120			5,3	
72		44		116			5,5	
48,5		87,5		136			10,2	
48,5		74,6		123,1			0,7	
70		75		145			0,3	
70		75		145			3,5	

Kalkulationsmittellohn a.G. für das Gebäude 100%

Gruppen, I und II, aufgeteilt. Für jede Innung ist der durchschnittliche, prozentuale Lohnkostenanteil der von ihr vertretenen Gewerke an den mittleren Gesamtkosten angegeben. Die Mittelwerte stammen aus der Auswertung von vier in Berlin durchgeführten Modernisierungsprojekten. Die Anteile an den Gesamtlohnkosten bei einer durchgreifenden Modernisierung betragen bei den Innungen:

A = Fachgemeinschaft Bau (Baugewerbeinnung) (1. Mai) ca. 55 bis 60%
B = Innung für Sanitär-, Heizungs- und Klimatechnik
    (1. Januar)   ca. 12 bis 15%
C = Innung für Maler- und Lackiererarbeiten (1. Mai) ca. 10 bis 12%
D = Tischlerinnung (1. Januar)   ca. 9 bis 12%
E = Innung für Metall- und Kunststofftechnik
    und Elektroinnung (1. Januar)   ca. 3 bis 5%
F = Dachdeckerinnung (1. Mai)   ca.1,5 bis 2,5%
G = Glaserinnung (1. Mai)   ca.0,7 bis 1.0%

In Spalte C werden zu den einzelnen Gewerken bzw. den für sie geltenden Leistungsverzeichnissen die Berufsbezeichnung und die Lohngruppe angegeben, um die jeweiligen Ecklöhne leicht auflisten zu können.
Der gültige Tariflohn oder Gesamttariflohn wird in Spalte 1 eingetragen. Ein prozentualer Zuschlag, entsprechend dem geplanten Bauzeitraum, wird in Spalte 2 aufgelistet, um die zu dieser Zeit zu erwartenden Erhöhungen des Tariflohns zu berücksichtigen. Eine Hilfe zur Einschätzung der zukünftigen Lohnerhöhungen geben die Gutachten des Sachverständigenrates der Bundesregierung. In Spalte 3 ist die für 1978 geltende Zulage in Prozent, daneben die für die künftige Bauausführung geltende Zulage aufgeführt. Als Vergleichsgröße für den Effektivmittellohn der einzelnen Gewerke in Spalte 4 kann der vom Statistischen Landesamt ermittelte Bruttostundenverdienst herangezogen werden [64].
Die gültigen Gemeinkostenzuschläge zuzüglich des Anteils, der die zu erwartenden Erhöhungen entsprechend dem geplanten Bauzeitraum beachtet, werden in die Spalten 5 bis 7 eingetragen. Anhaltspunkte für die gültigen oder zu erwartenden lohngebundenen Kosten (vgl. Anhang 7.5) sind bei den Innungen zu erhalten. Der Ansatz für die Baustellenkosten, Betriebseinzelkosten und Lohnnebenkosten einschließlich eines Betrags für Wagnis und Gewinn (W. u. G.), kann bei den entsprechenden Innungen oder bei den Fachunternehmen nachgefragt werden. Vereinfachend kann der Betrag der Betriebseinzelkosten auch längere Zeit als konstant angesehen werden.
Aus dem Effektivmittellohn und dem neuen Gemeinkostenzuschlag ergibt sich der Kalkulationsmittellohn der einzelnen Gewerke. Unter Beachtung der prozentualen Lohnanteile der Gewerke an den Gesamtlohnkosten wird anschließend der Kalkulationsmittellohn aller Gewerke ermittelt.

Der *Materialkostenanteil* an den Modernisierungskosten wird aus Materialkosten ohne Zuschlag und Materialgemeinkostenzuschlag aller Gewerke gebildet.

Der Materialkostenzuschlag ist lediglich als eine Art Restwertanteil an den gesamten Gemeinkosten eines Unternehmens aufzufassen. Er wird auf den Wert der zu verbauenden Materialien erhoben. Da dieser Zuschlagsfaktor nur selten den Kostenänderungen der Materialwirtschaft eines bauausführenden Betriebs angepaßt wird, soll er in der AWK-Methode als konstanter Faktor angesehen werden. Kostenänderungen der Materialwirtschaft werden im Gemeinkostenzuschlag des Kalkulationsmittellohns berücksichtigt.

Die mit der AWK-Methode ermittelten Materialkosten ohne Zuschlag sollten zumindest einmal jährlich den Kostensteigerungen angepaßt werden. Die Aktualisierung kann jährlich zum 1. Mai vorgenommen werden, da die meisten Materialien im ersten Kalendervierteljahr eine Preisänderung erfahren.

Eine *grobe* Aktualisierung der Materialkosten wäre auch mit dem Erzeugerpreisindex des statistischen Bundesamtes oder mit dem Index für Baustoffpreise im Baustoffgroßhandel [13, Tab. 59] möglich, wobei zusätzlich, der geplanten zukünftigen Bauzeit entsprechend, die voraussichtlichen Kostenbzw. Preisänderungen zu berücksichtigen sind.

Eine relativ einfache, etwas *weniger grobe* Ermittlung der prozentualen Materialkostenänderung a. G. kann mit Hilfe der Tabelle 2 (Formblatt 6) vorgenommen werden. Sie läßt sich aus den Preissteigerungen von 15 charakteristischen Materialien ermitteln, die stellvertretend für alle anderen bei einer Modernisierung verwendeten Baustoffe stehen.

Die Materialien sind anteilmäßig den einzelnen Gewerken zugeordnet, um spezifische Preis- und Kostenänderungen einzelner Gewerke zutreffender beurteilen zu können (Spalten a und b in Tabelle 2).

Zu diesen Materialien sind in Spalte 1 die durchschnittlichen Einkaufspreise der Betriebe auf der Basis Februar 1978 als Ausgangsgrößen aufgelistet. Aktuelle Materialpreise sind in Spalte 2 einzutragen, die entsprechend der geplanten Bauzeit extrapolierten Materialpreise in Spalte 3. Aus den prozentualen Änderungen zwischen den Ausgangspreisen von 1978 und den extrapolierten Preisen, wird unter Beachtung prozentualer Materialanteile je Gewerk die gewerkebezogene Materialpreis- und Materialkostenerhöhung berechnet (Spalten 4 bis 6). Unter Berücksichtigung der Materialanteile der Gewerke an den Gesamt-Materialkosten (Spalte 7) läßt sich die gesuchte Materialpreis- oder kostenänderung a. G. in Spalte 8 ermitteln.

Die in Tabelle 2 aufgeführten aktuellen Materialpreise sollten mindestens jährlich bei fünf repräsentativen Baustoffhändlern nachgefragt werden.

Anhaltspunkte für voraussichtliche Änderungen von Baustoffpreisen sind auch durch die Informationsblätter der Innungen zu erhalten.

Tabelle 2. Ermittlung der Materialkostenänderung aller Gewerke (Formblatt 6)

Gewerke Nr.	Charakteristische Materialien einzelner Gewerke frei Bau	Material-Einkaufspreise der Betriebe Basis Feb.1978	Material-Eink.-preise (aktuell)		geschätzte Mat.-E.preise u. Beacht.der Bauzeit
			Datum	Betrag	
		DM/Einh.	–	DM/Einh.	DM/Einh.
a	b	(1)		(2)	(3)
1.Bauhaupt.	1 m³ Putzmörtel (o.Zuschlagstoffe) abgekippt, 1-2,5m³ (DM/m³)	58,30			
	1000 Stck. KSL 12/2DF mit Triebwagenzuschlag (DM/1000 Stck.)	282,00			
	1 m² Gipskartonplatte, DIN 18 180, 12,5mm Standardausf.,ab 50m²	4,90			
	1 m³ Holz (Schnittholz) /(DM/m²) Gütekl. II (DM/m³)	402,00			
2.Zimm. u. Holzsch.	1 m³ Holz Gütekl.II (Schnittholz) (DM/m³)	402,00			
3.Dachd.	1 m² Doppelfalzziegel, rot, gebr. Ton ab 1000 Stck. (DM/m²)	16,50			
4.Klemp.	1 m² Zinkblech, 0,7mm legiert, Titan-Zinkbl. DIN 17770, ab 100m² (DM/m²)	23,80			
5.Putz-u. Stuck.	1 m³ Putzmörtel (o.Zuschlagstoffe) abgek., 1-2,5m³ (DM/m³)	58,30			
6.Fliesen	1 m² Wandfliesen aus Steingut, elfenbein undekoriert, 1.Wahl, 15x15cm, ab 100m² (DM/m²)	10,00			
7.Tischler	1 m³ Holz (Fichtenstammware) 1.Wahl (DM/m³)	700,00			
8.Drechsler	1 m³ Holz (Fichtenstammware) 1.Wahl (DM/m³)	700,00			
9.Schlosser	100 kg Stahl 37;Flach-,Winkel-, Walzstahl (Thomasgüte)(DM/100kg)	180,00			
10.Glaser	1 m² westdeutsche Bauglas, DM 2.Sorte MD, Dicke 2,8-3,0mm;m²	15,30			
11.Anstrich	1 kg Dispersionsfarbe-Innen z.B. 1kg Alpina-weiss in 25kg Eimer (DM/kg)	1,90			
12.Estrich u.Bodenbelag	1 m² PVC-Bodenbelag z.B. Dunlop Contract in Bahnen;15mmdick	9,80			
	1 m³ Putzmörtel (o.Zuschlagst.) abgek. 1-2,5m³ (DM/m³)	58,30			
13.Lüftung	100 kg Stahl 37, Flach-,Winkel- Walzstahl (DM/100kg)	180,00			
14.Heizung	1 Stck. Gußheizkörper 500x220 mm (Nabenabst.xBautiefe) (DM/Stck.)	15,12			
	100 kg Stahl 37, Flach-,Winkel- Walzstahl (DM/100kg)	180,00			
15. Be.-u. Entw.	1 m nahtlosgezogenes Kupferrohr DIN 1786 A.D. x Wandd. 42x1,5mm (DM/m)	8,50			
	100 kg Stahl 37 Flach-,Winkel- Walzstahl (DM/100kg)	180,00			
16.Elektro	1 m NYIF-J-Elektroleitung 3x1,5 Cu Zahl 43 (DM/m)	0,51			
17.Abdicht.	1 m³ Putzmörtel (o.Zuschlagst.) abgek. 1-2,5m³ (DM/m³)	58,30			

% Preis- bzw. Kostenände- rung des Materials	ca. Anteil des Mat. an Gesamt-Mat.- kosten je Gewerk	Mat.-erhöhung je Gewerk	ca. Mat. Anteil der Gewerke an Ges.Mat.- kosten $\sum=1,o$	anteilige Material- kostenände- rung a. G.
%	%	%		%
(4)=(3):(1)-1	(5)	(6)=(4)x(5)	(7)	(8)=(6)x(7)
	0,30			
	0,15			
	0,15			
	0,40			
	1,00		0,336	
	1,00		0,004	
	1,00		0,023	
	1,00		0,016	
	1,00		0,011	
	1,00		0,016	
	1,00		0,084	
	1,00		0,008	
	1,00		0,015	
	1,00		0,014	
	1,00		0,102	
	0,80			
	0,20			
	1,00		0,029	
	1,00		0,013	
	0,65			
	0,35			
	1,00		0,137	
	0,40			
	0,60			
	1,00		0,121	
	1,00		0,061	
	1,00		0,010	
			1,000	

Da der Berliner Senator für Bau- und Wohnungswesen in großem Umfang Auftraggeber für bauausführende Unternehmen ist, führt er Materialpreiserhebungen bei Berliner Baustoffhändlern mehrmals im Jahr durch, so daß ihm stets die wichtigsten aktuellen Materialpreise vorliegen.
Darüber hinaus können auch im Rahmen von Ausschreibungen aktuelle Material-Einkaufspreise bei entsprechenden Betrieben eingeholt werden.

3 Anwendung der Aufwandskennziffern durch den Planer

Im folgenden soll die Anwendung der Aufwandskennziffern und ihre Bedeutung im Planungs-und Bauprozeß zur Erfüllung der ingenieur-ökonomischen Aufgaben des Planers behandelt werden.
Die vier Grundelemente der Aufwandskennziffern, also
- Stundenansätze;
- Kalkulationsmittellohn;
- Materialkosten;
- Materialgemeinkostenzuschläge

werden von den Positionen – als kleinsten Einheiten – ausgehend zu höheren Aggregationskomplexen wie Unterelementen, Teilbauelementen, Bauelementen und m² Wohnfläche integriert. Die so entstehenden Aufwandskennziffern verschieden hohen Aggregationsgrades bilden die Bausteine eines den Planungs- und Bauprozeß begleitenden Kosteninformationssystems.
Bei der Planung von Modernisierungsprojekten ist die frühzeitige Kostenermittlung der beabsichtigten Modernisierungsleistungen (Soll-Kosten) eine vordringliche Aufgabe. Ihr Ergebnis soll von den tatsächlich entstehenden Kosten (Ist-Kosten) möglichst wenig abweichen. Bei konventionellem Vorgehen verfügt der Planer erst dann über eine hinreichend genaue Kenntnis der Modernisierungskosten eines Gebäudes, wenn ihm in der Phase der Mitwirkung bei der Vergabe der Kostenanschlag vorliegt.
Ein Kosteninformationssystem auf der Grundlage von Aufwandskennziffern verschieden hohen Aggregationsgrades ermöglicht es dem Planer jedoch, die Sicherheit der Kostenermittlung im Vergleich zum konventionellen Vorgehen erheblich zu erhöhen (Abb.8).
Die geringe Kostensicherheit beim konventionellen Vorgehen ist auch eine Folge des statischen Verfahrens dieser Kostenermittlung, das auf einer isolierten Betrachtung der vier einzelnen Stufen der Kostenermittlung nach DIN 276 – also der Kostenschätzung, der Kostenberechnung, des Kostenanschlags und der Kostenfeststellung – beruht. Es fehlt eine enge Verbindung zwischen den beiden ersten Stufen der Kostenermittlung, die sich an einer Gliederung nach Bauteilen orientieren und den beiden letzten Stufen, die nach Gewerken gegliedert sind.
Das hier beschriebene Verfahren der Kostenermittlung mit Aufwandskennziffern beruht demgegenüber auf einem durchgehenden, alle Stufen der

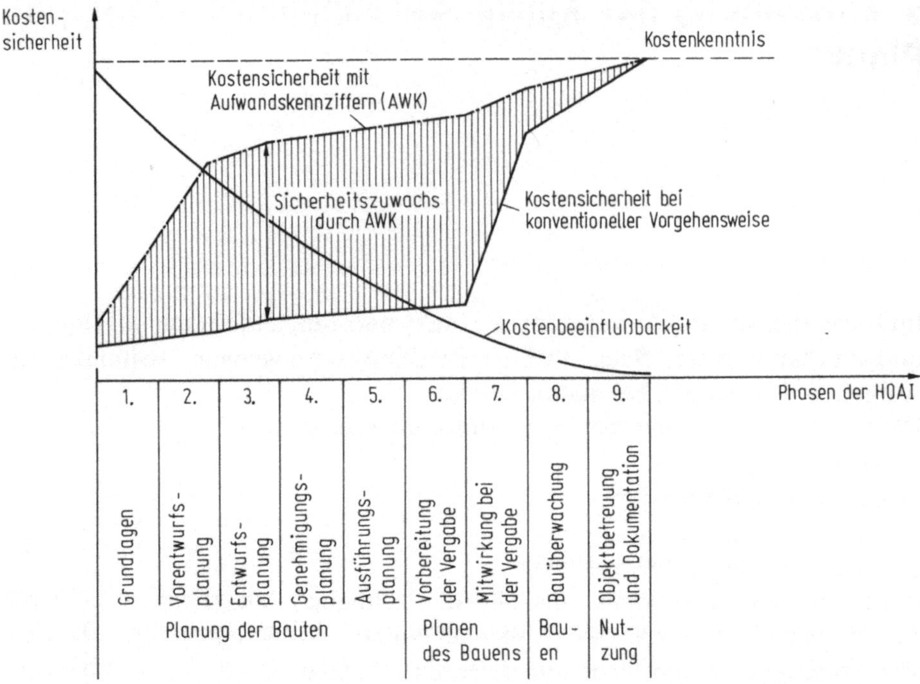

Abb. 8. Kostensicherheit bei Anwendung der Aufwandskennziffern und bei konventioneller Vorgehensweise

HOAI umfassenden, integrierten Kosteninformationssystems (Abb.9) und vermeidet damit die Mängel des konventionellen Verfahrens.

In den folgenden Kapiteln wird das zweckmäßige Vorgehen des Planers bei der Anwendung dieses prozeßbegleitenden Kosteninformationssystems in den neun Phasen der HOAI unter Heranziehung von Beispielen beschrieben.

3.1 Grundlagenermittlung

In dieser frühen Phase der Grundlagenermittlung schreibt die HOAI eine Kostenermittlung nach DIN 276 nicht vor.

Für den Planer und Bauherrn ist es jedoch sinnvoll, so früh wie möglich über erste Kostenvorstellungen verfügen zu können, um z. B. zu entscheiden, ob weitere Arbeiten an diesem Gebäude sich von der Bausubstanz her noch lohnen.

Abb. 9. Gegenüberstellung der Leistungen bei konventioneller Kostenermittlung und beim Kosteninformationssystem

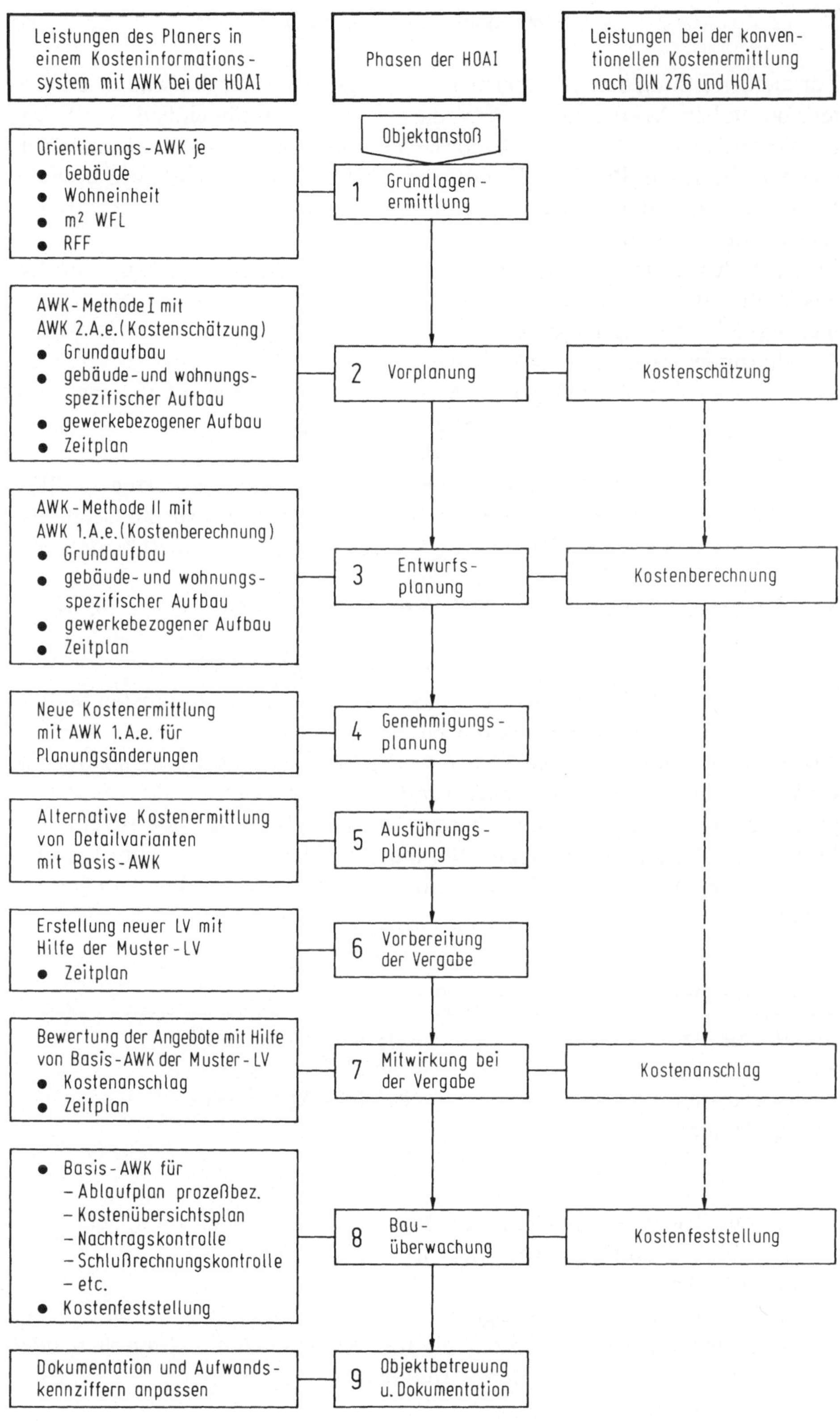

Leistungen des Planers in einem Kosteninformationssystem mit AWK bei der HOAI
Phasen der HOAI
Leistungen bei der konventionellen Kostenermittlung nach DIN 276 und HOAI

Orientierungs-AWK je
• Gebäude
• Wohneinheit
• m² WFL
• RFF

Objektanstoß
1 Grundlagenermittlung

AWK-Methode I mit AWK 2.A.e.(Kostenschätzung)
• Grundaufbau
• gebäude- und wohnungsspezifischer Aufbau
• gewerkebezogener Aufbau
• Zeitplan

2 Vorplanung
Kostenschätzung

AWK-Methode II mit AWK 1.A.e.(Kostenberechnung)
• Grundaufbau
• gebäude- und wohnungsspezifischer Aufbau
• gewerkebezogener Aufbau
• Zeitplan

3 Entwurfsplanung
Kostenberechnung

Neue Kostenermittlung mit AWK 1.A.e. für Planungsänderungen
4 Genehmigungsplanung

Alternative Kostenermittlung von Detailvarianten mit Basis-AWK
5 Ausführungsplanung

Erstellung neuer LV mit Hilfe der Muster-LV
• Zeitplan
6 Vorbereitung der Vergabe

Bewertung der Angebote mit Hilfe von Basis-AWK der Muster-LV
• Kostenanschlag
• Zeitplan
7 Mitwirkung bei der Vergabe
Kostenanschlag

• Basis-AWK für
– Ablaufplan prozeßbez.
– Kostenübersichtsplan
– Nachtragskontrolle
– Schlußrechnungskontrolle
– etc.
• Kostenfeststellung
8 Bauüberwachung
Kostenfeststellung

Dokumentation und Aufwandskennziffern anpassen
9 Objektbetreuung u. Dokumentation

Für die Ermittlung der Orientierungswerte eignen sich die Aufwandskennziffern der hohen Aggregationsstufen, die sich auf die Wohneinheit (WE), den m^2 Wohnfläche (WFL), den Raumflächenfaktor (RFF) oder die einzelnen Gewerke beziehen. Bei ihrer Ermittlung werden Gegebenheiten wie Baujahr des Hauses, Haustyp, Verschleißgrad oder Umfang der Modernisierung berücksichtigt (Abschnitt 2.3.3).

Eine entscheidende Ausgangsgröße ist der Modernisierungsumfang, für den das Städtebauförderungsgesetz drei Fallgruppen in förmlich festgelegten Sanierungsgebieten unterscheidet.

1. Fallgruppe: Geringer Modernisierungsaufwand;
                  StBauFG § 41.1; Modernisierungskosten $\leq 30\%$ der vergleichbaren Neubaukosten (NBK).

2. Fallgruppe: Durchgreifende Modernisierung;
                  II WoBauG § 17, Abs. 3; Modernisierungskosten $> 30\%$ der vergleichbaren NBK. Die Summe der Instandsetzungs- und Modernisierungskosten soll jedoch $\leq 70\%$ der vergleichbaren NBK sein.

3. Fallgruppe: Durchgreifende Modernisierung von Gebäuden, die wegen ihrer geschichtlichen, künstlerischen oder städtebaulichen Bedeutung erhalten bleiben sollen;
                  StBauFG § 43, Abs. 3, Satz 2. Modernisierungskosten $> 70\%$ der vergleichbaren NBK.

Als Beispiel werden Richtwerte von Orientierungs-Aufwandskennziffern je m^2 WFL (vierte Aggregationsstufe) für die häufig vorkommende zweite Fallgruppe mit ca. 70% der vergleichbaren NBK aufgeführt, die sich auf ein vier- bis sechsgeschossiges, entmietetes Berliner Mietshaus der Baujahre 1871 bis 1914 mit der den Verschleißgrad kennzeichnenden Maßnahmekategorie C beziehen:

Modernisierungsjahr 1978 (Dezember)

Stundenansatz:	19,4 Std./m^2 WFL
Kalkulationsmittellohn:	32,10 DM/Std.
Materialkosten:	267,00 DM/m^2 WFL
Materialzuschlag:	18%.

Um daraus Orientierungwerte für die Kosten zu erhalten, ermittelt der Planer die ungefähre Wohnfläche (m^2 WLF).

Hierzu prüft er, ob

- alte Bauaufsichtsakten vorliegen;

- ein städtebauliches Gutachten mit historischen, architektonischen oder planerischen Gesichtspunkten vorhanden ist;

- eine Substanzuntersuchung mit einem skizzenhaften Planungskonzept der zuständigen Baubehörde bereits vorliegt;
- Teile der Bebauung wie Seitenflügel oder Hinterhäuser abzureißen sind;
- für die verbleibenden Bauten eine Modernisierung der Wohnungsgrundrisse sinnvoll erscheint, indem er eine Begehung vornimmt;
- das Haus für die Modernisierungsarbeiten entmietet werden muß.

Aus solchen ersten Überlegungen läßt sich die Wohnfläche schätzen, die für eine Modernisierung in Frage kommt.

Für ein zu modernisierendes Gebäude ergeben sich unter Verwendung der oben genannten Richtwerte folgende Orientierungswerte für die „Kosten des Bauwerks":

Beispiel: Projekt A (vgl. Abschnitte 3.2 und 3.3)
- entmietetes, vier- bis sechsgeschossiges Berliner Mietsgebäude von 1890;
- Fallgruppe 2, Maßnahmekategorie C;
- geschätzte Wohnfläche 980 m^2;
- Modernisierungsjahr 1978/79;

Lohnkosten: 980 m^2 · 19,4 Std./m^2 WFL · 32,10 DM/Std. = 610 285 DM
Materialkosten: 980 m^2 · 267 DM/m^2 WFL · 1,18 Mat.Z = 308 759 DM

	919 044 DM
Mehrwertsteuer	119 476 DM
Orientierungskosten für Modernisierung	1 038 520 DM
Spätere Ist-Kosten	899 283 DM
Abweichungen der Orientierungs- von den Ist-Kosten	+ 16 %

Bei solchen ersten Kostenvorstellungen sind noch Abweichungen bis zu ± 30 % zu erwarten (Abb. 1).

3.2 Vorplanung

Zur Kostenschätzung in der Vorplanungsphase werden Aufwandskennziffern der zweiten Aggregationsebene verwendet. Das für die Vorplanung geeignete Verfahren wird als AWK-Methode I bezeichnet.

Der Wert der Aufwandskennziffern der dritten Aggregationsebene, also der Bauelemente, liegt ebenfalls in ihrer Verwendbarkeit zu frühzeitigen Kostenanalysen. Sie erlauben es, die prozentualen Kostenanteile der Bauelemente eines Modernisierungsprojekts mit den Kostenanteilen der Bauelemente bereits abgerechneter Modernisierungsobjekte zu vergleichen.

Die AWK-Methode I (Anhang 7.4.1) steht in den drei zweckorientierten Anwendungsformen I a, I b und I c zur Verfügung, die sich durch die jeweils zweckmäßige Form der Elementgliederung mit den dazugehörigen Aufwandskennziffern unterscheiden.

Tabelle 3 zeigt die Anwendungsformen und Anwendungsbereiche der drei zweckorientierten Ausprägungen der AWK-Methode. Sie gilt sowohl für die AWK-Methode I (Vorplanung) als auch für AWK-Methode II (Entwurfsplanung).

Die einfachste Form ist die AWK-Methode I a. Sie dient zur Schätzung der Instandsetzungs- und Modernisierungskosten eines Gebäudes und basiert auf einer Elementgliederung, die sich auf das ganze Bauwerk als Einheit bezieht.

Die AWK-Methode I b zeichnet sich dagegen durch die Gliederung der Elemente in einen gebäude- und einen wohnungsspezifischen Teil aus. Sie erlaubt dadurch die schnelle Bewertung von Planungsalternativen für die nur die jeweiligen „Wohnungsspezifischen Kosten" (Wo.spez. Kost.) ermittelt werden müssen, während die „Gebäudespezifischen Kosten" – bei unveränderten Spännertypen – gleich bleiben.

Kosten des gebäudespezifischen Teils bleiben für alle Wohnungen anteilig gleich und tragen nicht zu einer Unterscheidung der Wohnungskosten bei.

Tabelle 3. Anwendung der AWK-Methode I und II

I a bzw. II a	Grundaufbau
	Die Elementgliederung bezieht sich unmittelbar auf die Kosten des Bauwerks. Anwendung: Schätzung der Gesamtkosten eines Modernisierungsprojekts, unterteilt in Instandsetzungs- und Modernisierungskosten.
I b bzw. II b	Wohnungs- und gebäudespezifischer Aufbau
	Die Elementgliederung ist unterteilt in einen wohnungsspezifischen und einen nicht wohnungsspezifischen, d. h. auf den restlichen Teil des Bauwerks bezogenen gebäudespezifischen Teil. Anwendung: Arbeitssparende Bewertung von Planungsalternativen
I c bzw. II c	Grundaufbau mit gewerkebezogenen Aufwandskennziffern
	Hier ist die Elementgliederung wie bei I a bzw. II a ebenfalls unmittelbar auf die „Kosten des Bauwerks" bezogen. Die Aufwandskennziffern sind jedoch nach Gewerken aufgesplittet und liefern auf die Gewerke bezogene Anteile der „(Gesamt-)Kosten des Bauwerks". Anwendung: Gewinnung von Orientierungsgrößen für die Angebotsbewertung und die Auftragserteilung an die Gewerke.

Zur Auswahl einer Planungsalternative, die auch den Wohnwert berücksichtigt, bedarf es einer speziell für Modernisierungsaufgaben konzipierten Methode, die sowohl die Kostenfaktoren als auch den Wohnwert in die Entscheidung einfließen läßt. Eine solche Planungsmethode wurde vom Verfasser bereits entwickelt [5, S. 52]. Die dort angewandte Kostenschätzmethode muß lediglich durch die AWK-Methode I b oder II b ersetzt werden. Diese Planungsmethode ist essentieller Bestandteil des Ansatzes zu einer Kosten/Nutzen-Analyse. Ihre Anwendung ist daher auch nach der HOAI als „Besondere Leistung" in der Vorplanung zu verstehen.

Im Endeffekt erweist sich der hierfür notwendige Arbeitsaufwand trotz des damit verbundenen Architektenhonorars in der Regel als kostensenkende Maßnahme, wenn man die Einsparung durch das erzielbare günstigere Kosten/Nutzen-Verhältnis berücksichtigt.

Die AWK-Methode I c kann allein oder zusätzlich zu I a bzw. I b angewandt werden, wenn die anteilige Aufteilung der Kosten auf die einzelnen Gewerke benötigt wird und um unter Verwendung der ermittelten Stunden der einzelnen Gewerke oder der Gewerkestunden je Bauteil die Bauzeit abzuschätzen. Anfang und Ende der Tätigkeiten der Gewerke sind u. a. für die Berechnung des aktuellen Kalkulationsmittellohns von Bedeutung.

Bestandsaufnahme

Vor Beginn einer Kostenschätzung wird eine Bestandsaufnahme des zu modernisierenden Gebäudes vorgenommen. Sie sollte nur einem Fachmann mit Bauleitungserfahrungen und Kalkulationskenntnissen anvertraut werden, der seinerseits für spezielle Aufgaben Gutachter heranzieht. In England besteht für einen solchen Fachmann der Beruf des „Quantity Surveyor".

Unter Bestandsaufnahme soll die mengenmäßige Einschätzung und Bewertung der erforderlichen Instandsetzungs- und Modernisierungsmaßnahmen sowie die Sammlung der in Abschnitt 2.3.3 aufgeführten Grundinformationen verstanden werden.

Eine der Aufgaben der Bestandsaufnahme ist es, eine Dokumentation der *Grundinformationen* – also der Daten zum ersten Komplex der AWK-Methode – anzulegen. Dabei sollen
- sowohl die aktuellen Objektdaten wie Objektkennzeichnungen, Fotos und auf aktuellen Aufmaßzeichnungen beruhende Plandarstellungen,
- als auch die Kosteneinflüsse, wie Art des Bauwerks, Standort, Nutzung sowie Marktkriterien

aufgenommen werden. Hinsichtlich der Nutzung ist zu klären, ob die Bewohner während der Modernisierung in den Wohnungen verbleiben oder ausziehen müssen, bzw. ob sie bereit sind, in irgendeiner Art mitzuwirken, z. B. durch Eigenleistung.

Anschließend werden Daten zum zweiten Informationskomplex der AWK-Methode zusammengestellt, um eine mengenmäßige Einschätzung und Bewertung der Elemente mit den erforderlichen Maßnahmekategorien (Verschleißgrad) vorzunehmen. Wenn die Aufmaßpläne vorliegen oder auf den letzten Stand gebracht sind, beginnt die technische Bestandsaufnahme. Sie soll – soweit möglich – zerstörungsfrei erfolgen, um die Wohnungsnutzung in diesem Stadium nicht übermäßig einzuschränken und um zusätzliche Bauaufwendungen zu vermeiden. Neben einem Statik- und einem Holzgutachten sollten für die Kostenschätzung zerstörungsfreie Untersuchungsmethoden wie die Entnahme von Bohrlochkernen aus Holzbalken, zur Feststellung der Festigkeit des Holzbalkens, oder das Endoskopieverfahren angewendet werden. Das Endoskopieverfahren ist eine fast zerstörungsfreie Untersuchungsmethode zur Bestimmung des Zustands von Holzbalkendecken. Durch Bohren eines kleinen Lochs in den Dielenfußboden und durch Einführen einer Fotoendoskopoptik gewinnt man Einblick in relativ unzugängliche Hohlräume.

Untersuchungen für die Bestandsaufnahme müssen mit einem beim Fortschreiten der Planung wachsenden Detaillierungsgrad durchgeführt werden, um in den aufeinanderfolgenden Stufen der Kostenermittlung die Abweichung zwischen Soll- und Ist-Kosten zu verringern.

Werden in den Vorentwürfen Veränderungen gegenüber den Aufmaßplänen vorgenommen, sollte diesen bei der Bestandsaufnahme besondere Aufmerksamkeit geschenkt werden, um nicht im späteren Planungs- und Bauablauf auf unvorhergesehene Kostenerhöhungen zu stoßen. Auch sollten langjährige Mieter oder frühere Eigentümer des Gebäudes nach Besonderheiten oder Schäden des Hauses befragt werden.

Bei der Bestandsaufnahme an einem Altbau können Fehlerquellen vermieden werden, wenn die Feststellung eines Schadens oder Mangels zugleich mit einer vorläufigen konkreten Abschätzung der Maßnahmen verbunden wird, die zur Beseitigung der Mängel an den Teilbau- und Unterelementen erforderlich sind. Diese können in die Maßnahmekategorien A, B, C, D_1, D_2 der AWK-Methode unterteilt werden. Die Modernisierungsmaßnahmen sind anhand der Elementgliederung in diese Kategorien einzustufen und die jeweiligen Mengen pro Element in die Bestandsaufnahmeblätter zu übertragen (Anhang 7.4.1). Die Ergebnisse der Bestandsaufnahme müssen als überholt gelten, wenn es der Planer versäumt hat, nach der Modernisierungsentscheidung notwendige Instandsetzungsmaßnahmen an der Bausubstanz zu veranlassen, um deren progressiven Verfall vor dem Beginn der Baumaßnahme vorzubeugen.

Die Ergebnisse einer Bestandsaufnahme sind ebenfalls überholt, wenn einzelne Wohnungen oder das zu modernisierende Gebäude längere Zeit vor dem Beginn der Baudurchführung entmietet wurden und die Sicherungsmaßnahmen unzureichend waren. Folgen der Entmietungsschäden und des weiteren Verschleißes durch das Leerstehen des Gebäudes sind nicht nur in einer beträchtlichen Erhöhung der Modernisierungskosten zu sehen. Das Leerstehen von mietgünstigem Altbauwohnraum führt zu sozialen Mißständen bzw. Spannungen und kann beim Hinauszögern von Entscheidungen bis zur Vernichtung erhaltenswerter Wohnungsssubstanz oder auch zu Hausbesetzungen führen.

Es gehört deshalb zu den unerläßlichen Aufgaben des Planers, die Mieter bereits während der Bestandsaufnahme über beabsichtigte Instandsetzungs- oder Modernisierungsmaßnahmen zu unterrichten. Er muß ihre Bereitschaft prüfen, die geplanten Verbesserungsmaßnahmen zu akzeptieren, an diesen Maßnahmen unterstützend mitzuwirken, entstehende Baukosten durch erhöhte Mieten zu tragen oder andere zur Verfügung gestellte Wohnungen anzunehmen.

Nach einer Bestandsaufnahme können bereits die Aufwandskennziffern herangezogen werden, um

– sofort durchzuführende Instandsetzungsmaßnahmen abzuschätzen;
– hierfür von den Betrieben eingeholte Angebotspreise kritisch zu beurteilen;
– eventuell von den Bewohnern in Eigenleistung durchzuführende Arbeiten einzuschätzen.

Schätzung der Modernisierungskosten

Nach einer Einschätzung der erforderlichen Maßnahmekategorien der Teilbauelemente werden die Mengen einzelner Teilbauelemente auf den Bestandsaufnahmeblättern ermittelt und auf die Berechnungsblätter der gewählten AWK-Methode I a, b oder c übertragen. Die Berechnung der Modernisierungskosten soll am Beispiel der Methode I b – wohnungs- und gebäudespezifischer Aufbau – verdeutlicht werden (Tabelle 3).

Bei der AWK-Methode I b werden mit Hilfe der Aufwandskennziffern die Summen der Lohnstunden und Materialkosten ohne Zuschlag für die gebäudespezifischen Modernisierungskosten auf dem Berechnungsblatt 3 in der Zeile 1 des Ergebnisblocks I zusammengestellt (Anhang 7.4.1.2).

Die aktualisierten Materialkosten (Zeile 2) ergeben sich aus den Materialkosten ohne Zuschlag, dem Materialkosten-Anpassungsfaktor der Tabelle 2 und dem Materialgemeinkostenzuschlag.

Die aktualisierten Lohnkosten (Zeile 3) sind das Produkt aus der Summe der Stunden und dem aktualisierten Kalkulationsmittellohn aller Gewerke (KML a. G.). Der KML a.G. kann mit Hilfe der Tabelle 1 weitgehend an die tariflichen Lohnerhöhungen angepaßt werden.

Da die bauausführenden Betriebe zum Zeitpunkt der Ausschreibung, bzw. während der Baudurchführung, mit Kostenveränderungen zu rechnen haben, die über die Aktualisierung des KML a.G. und der Materialkosten hinausgehen, ist der Planer daran interessiert, diese zu erwartenden Veränderungen bereits bei der Kostenschätzung durch den oben erwähnten Kosteneinflußfaktor zu berücksichtigen. Die Einbeziehung des Kosteneinflußfaktors wird im Abschnitt 3.3 dargestellt.

Die Zusammenfassung der Material- und Lohnkosten ergibt im Ergebnisblock I der Methode I b die Modernisierungskosten für das Gebäude und im Ergebnisblock II die Kosten für alle Wohnungen oder für Gebäudeteilpakete.

Gebäudeteilpakete entstehen durch Zusammenfassung der Wohnungen der Erd- und Obergeschosse, die senkrecht übereinanderliegen. Durch die Austauschbarkeit der Planungsvarianten von Gebäudeteilpaketen kann mit Hilfe der beiden Variablen Kosten und Wohnwert eine optimale Gesamtgebäudelösung erzeugt werden.

Im Ergebnisblock III werden nur die „Wohnungsspezifischen Kosten" für alle Gebäudeteilpakete eines Bauwerks zusammengestellt. Im Ergebnisblock IV (Methode I b) werden die aus den „Wohnungs- und Gebäudespezifischen Kosten" ermittelten Gesamt-Modernisierungskosten den vergleichbaren Neubaukosten gegenübergestellt und die Entscheidung über Abriß oder Modernisierung gefällt.

Bei der Anwendung der AWK-Methode I a und c wird in der gleichen Weise verfahren. Hinsichtlich der Ergebnisse der Methode I c gelten ebenfalls die später folgenden Ausführungen zu der Methode II c. In Abb. 10 sind die mit der AWK-Methode I ermittelten Modernisierungskosten von fünf älteren, typischen Berliner Mietshäusern (Projekte A bis E) dargestellt. Die geschätzten Soll-Kosten, denen die aus den Schlußrechnungen der Gewerke entnommenen Ist-Mengen zugrunde liegen, sind bei allen fünf Modernisierungsobjekten innerhalb des geforderten Toleranzbereichs von $\pm 15\%$ und stets *über* den festgestellten Ist-Kosten. Bei den Projekten A und B bestand für den Verfasser seinerzeit noch die Möglichkeit, vor Beginn der Modernisierungsarbeiten eine Bestandsaufnahme – also eine Schätzung der Mengen (Soll-Mengen) – vorzunehmen. Auch die aufgrund dieser geschätzten Mengen ermittelten Soll-Kosten liegen innerhalb des geforderten Toleranzbereichs und über den festgestellten Ist-Kosten.

Die vergleichende Anwendung zweier älterer Kostenermittlungsverfahren durch den Verfasser – der SenBauWohn-Methode 73 und der Faktorenanalyse – führte zu einer größeren Streuung, vorwiegend in den negativen Toleranzbereich.

Die SenBauWohn-Methode 73 wurde ebenso wie die Faktorenanalyse zur frühzeitigen Ermittlung der Kosten von Modernisierungsobjekten beim Senator für Bau- und Wohnungswesen in Berlin entwickelt [57; 4, S. 34].

Als „Besondere Leistung" in der Vorplanungsphase wird in der HOAI u. a. die Ausarbeitung eines Zeitplans aufgeführt. Aufgabe eines solchen Zeit- oder Ablaufplans für den Bauprozeß ist es, in diesem frühen Planungsstadium Anfangs- und Endtermine, sowie evtl. auch schon grobe Zeitvorgaben in Quartalen für den Ablauf der Arbeiten der Gewerke, zu geben. Grobe Zeitdaten des Bauablaufs sind im Rahmen einer frühen Kostenermittlung eine Voraussetzung für die Berechnung des Kalkulationsmittellohns aller

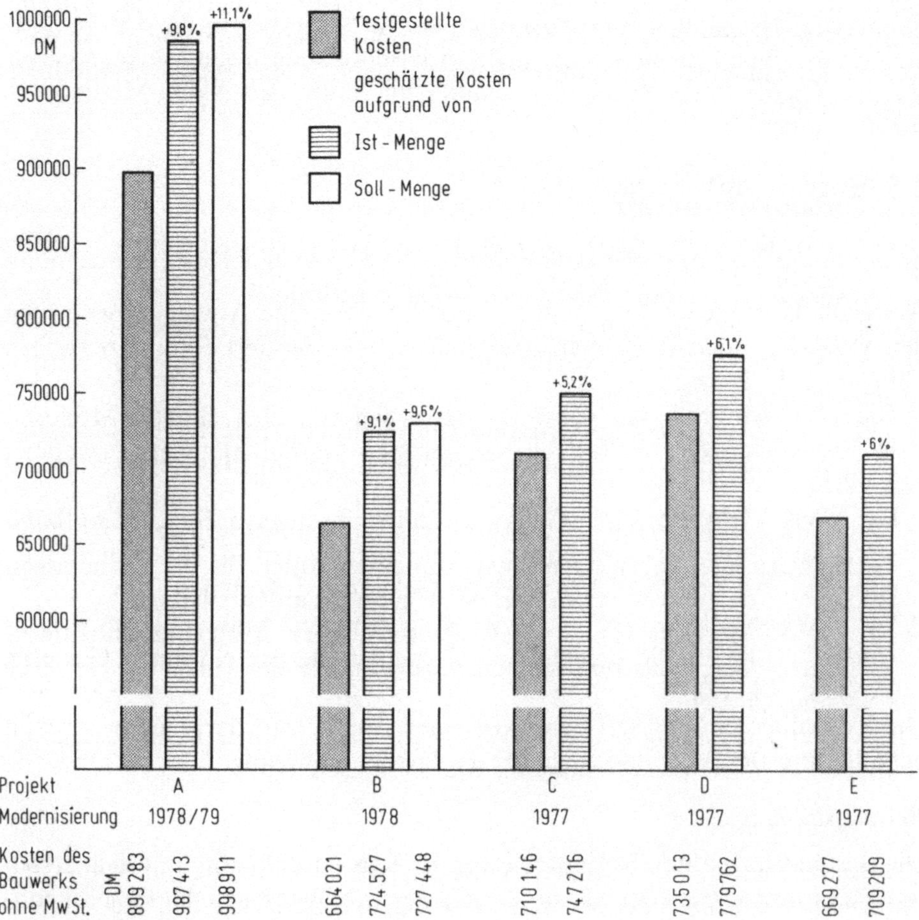

Abb. 10. Vergleich zwischen den geschätzten Kosten der AWK-Methode I und den festgestellten Kosten

Gewerke, der für eine zutreffende Kostenermittlung wichtig ist. Die Anfertigung eines Rahmen-Ablaufsplans für den Bauprozeß erfolgt durch den Planer unter Verwendung der Gewerkestunden, die mit der AWK-Methode I c berechnet sind. Zur Vereinfachung wird bei den Stundenangaben des Musterleistungsverzeichnisses auf Abzüge für Randstunden, Akkordüberschüsse und terminbestimmende Arbeitsvorgänge verzichtet.

Die mit der AWK-Methode I vorzunehmende Kostenschätzung ist eine frühe Kosteninformation, die im Gegensatz zur Kostenberechnung und zum Kostenanschlag noch als „unverbindlich" anzusehen ist. Sie verliert dadurch jedoch nicht ihren Wert für die Anwendung in der zweiten Leistungsphase der HOAI, da sie aufgrund ihrer einfachen Handhabung gegenüber der AWK-Methode II schnell zu ersten Resultaten bei einer überschlägigen

Schätzung der Modernisierungskosten führt. Steht bereits in der Vorplanungsphase eine Entscheidung über Abriß oder Modernisierung an, so muß diese aufgrund einer Kostenberechnung mit Hilfe der AWK-Methode II gefällt werden.

3.3 Entwurfsplanung

In der Phase der Entwurfsplanung wird in der HOAI eine Kostenberechnung der vorgesehenen Modernisierungsleistungen gefordert.

Auch zur Kostenberechnung stehen drei verschiedene Anwendungsformen der AWK-Methode II zur Verfügung, die zweckorientiert eingesetzt werden können (Tabelle 3):

– Die AWK-Methode II a – Grundaufbau – liefert die berechneten Modernisierungskosten des als Einheit angesehenen Gesamt-Bauwerks (Anhang 7.4.2.1).

– Die AWK-Methode II b – „Gebäude- und Wohnungsspezifischer Aufbau" – erlaubt es, die berechneten Kosten in einen Anteil für die Wohnungen und einen für den restlichen Teil des Gebäudes aufzuteilen.

– Die AWK-Methode II c – „Gewerkespezifischer Aufwandskennziffern-Aufbau" – liefert die berechneten Kostenanteile der einzelnen Gewerke (Anhang 7.4.2.2).

Die Kostenberechnung mit der AWK-Methode II erfordert eine wesentlich detailliertere Bestandsaufnahme als die Kostenschätzung.

Bestandsaufnahme

Die Bestandsaufnahme beginnt wie bei der Kostenschätzung mit dem ersten Informationskomplex der Methode, also den drei Bereichen der Objektkennzeichnung, der graphischen Objektdarstellung und einer Zusammenstellung der Kosteneinflüsse. Dieser Informationskomplex ist bei allen drei Formen der AWK-Methode gleich aufgebaut.

Die *Kosteneinflüsse*, auf die hier näher eingegangen werden soll, bestehen aus Bauwerks-, Nutzungs-, Standort und Markteinflüssen. Sie sollten bei der Kostenberechnung neben den Aufwandskennziffern in die Überlegungen einbezogen werden, um damit Unsicherheiten, die sich bei der Ermittlung der Modernisierungskosten ergeben, zu verringern.

Falls sich zum Zeitpunkt der Kostenberechnung die Kosteneinflüsse gegenüber denen, die zum Zeitpunkt der Datensammlung für die Aufstellung der Aufwandskennziffern zugrunde lagen, merklich verändert haben, kann für die einzelnen Einflußgrößen durch Abschätzung jeweils ein prozentualer Zu- oder Abschlagsfaktor gebildet werden. Die zum Zeitpunkt der Datensammlung wirksamen Kosteneinflüsse sind im Anhang 7.4.1 im ersten Informationskomplex der Methode zu den einzelnen Kriterien in Klammern aufgeführt. Aus dem Produkt dieser einzelnen Zu- oder Abschlagsfaktoren wird ein Kosteneinflußfaktor gebildet. Er kann bei der Ermittlung der Modernisierungskosten als Zuschlags- oder Abschlagsmultiplikator auf den aktualisierten Kalkulationsmittellohn a. G. angewendet und auf dem Berechnungsblatt 6 der AWK-Methode II a berücksichtigt werden (Anhang 7.4.2.1). Kosteneinflußfaktoren dieser Art sind vom Planer bei einer Kostenermittlung im frühen Planungsstadium bisher kaum beachtet worden. Auch weiterhin werden sie nur schätzungsweise berücksichtigt werden können. Jedoch soll dem Planer deutlich werden, daß eine möglichst weitgehende Berücksichtigung dieser Einflüsse notwendig ist, um zum Ausschreibungszeitpunkt die Kalkulationssituation der Baubetriebe in seine Kostenberechnung einbeziehen zu können.

Dem Verfasser ist bisher keine Kostenermittlungsmethode bekannt geworden, die diese mit der AWK-Methode gegebene Möglichkeit eröffnet, sowohl zu erwartende tarifliche Veränderungen, als auch Kosteneinflüsse anderer Art, vorausschauend in die frühzeitige Kostenermittlung für ein Modernisierungsvorhaben hineinzuprojizieren.

Da es nicht Gegenstand dieses Buches sein soll, mit Hilfe weiterer empirischer Untersuchungen den Kosteneinflußfaktor zu konkretisieren, wird hier lediglich auf einige sich häufig auswirkende Kosteneinflüsse hingewiesen. Diese Einflüsse müssen nur dann berücksichtigt werden, wenn sie von den den Aufwandskennziffern bereits zugrunde liegenden Einflüssen abweichen. Bereits einbezogene Kosteneinflüsse sind im ersten Informationskomplex der AWK-Methode I bzw. II in Klammern aufgeführt (Anhang 7.4.1).

Wichtige, zu beachtende Kriterien sind:

- Bei den *Bauwerkseinflüssen* die Anzahl der Geschosse und das Erschließungssystem.

  Liegt beispielsweise bei einem zu modernisierenden Gebäude ein 3- oder 4-Spänner-Typ vor, bei den zugrunde gelegten Aufwandskennziffern aber nur ein 2-Spänner-Typ, so ergeben sich überhöhte Kosten z. B. bei den Installationen. Zur Korrektur sollte ein entsprechender Kosteneinflußfaktor beim KML a. G. eingesetzt werden.

- Bei den *Nutzungseinflüssen* der anzuwendende Modernisierungsstandard und die Entmietungsform.

  Ein WFB-Modernisierungsstandard wird im Vergleich zu einem WFB-Neubaustandard in der Regel wesentlich geringere Modernisierungskosten zur Folge haben [10].

  Eine Umfrage bei bauausführenden Betrieben während der Datensammlung der Aufwandskennziffern ergab, daß für während der Kernbauzeit bewohnte Wohnungen gegenüber total entmieteten Wohnungen ein um ca. 20 % erhöhter Aufwand erforderlich sein würde.

- Bei den *Standorteinflüssen* die von der Baubehörde festgelegte Art des Baugebietes (Sanierungs- oder Modernisierungsgebiet etc.) sowie gebietsbezogene einschlägige Gesetze bzw. Auflagen.

- Bei den *Markteinflüssen*, als vierter Kosteneinflußgröße, die Schwankung von Angebot und Nachfrage, die Art der Vergabe und Finanzierung, sowie andere starke zeitliche, regionale und konjunkturelle Einflüsse.

Nur auf die *zeitlichen, regionalen,* und *konjunkturellen* Kosteneinflüsse soll hier näher eingegangen werden.

Ein Teil der *zeitlichen* Einflüsse findet seine Berücksichtigung bei der Kostenberechnung ohnehin durch die Anpassung des Kalkulationsmittellohns aller Gewerke (Tabelle 1) und der Materialkosten aller Gewerke (Tabelle 2).

Die saisonalen Einflüsse müssen dagegen durch einen Kosteneinflußfaktor berücksichtigt werden. So bleibt es z. B. nicht ohne Einfluß auf die Kalkulation der Baubetriebe, ob der zu erwartende Baubeginn im Frühjahr oder im Herbst liegt.

Weiter sollen *regionale* Markteinflüsse berücksichtigt werden, wenn die AWK-Methode nicht in Berlin, sonder an einem anderen Ort der Bundesrepublik Deutschland eingesetzt wird.

Kostenunterschiede zwischen Berlin und einem Ort mit unterschiedlicher Kostenstruktur im Bundesgebiet (Mittel- und Kleinstädte) können ermittelt werden

- durch Ausschreibungen für ähnliche Modernisierungsobjekte in diesen Orten unter vergleichbaren Voraussetzungen wie bei den der Datensammlung in Berlin zugrunde liegenden Muster-Ausschreibungen;
- durch Informationsgespräche mit ortsansässigen Firmen sogenannter „kostenträchtiger" Gewerke, wie Bauhauptgewerbe, Maler- oder Tischlerbetriebe, wobei nur die Preise für einige besonders kostenträchtige Positionen wichtig sind. Vom Verfasser sind die wenigen kostenträchtigen Positionen aus den Muster-Leistungsverzeichnissen aller einschlägigen Gewerke zusammengestellt worden, die bis zu ca. 90 % der Kosten eines Gewerks ausmachen [4].

Konjunkturelle Markteinflüsse können einige besonders starke Auswirkungen auf die Höhe der Modernisierungskosten haben.

Konjunktureinflüsse führen bei frühen Kostenermittlungen dann zu Abweichungen, wenn die Konjunktursituation zum Zeitpunkt der Ausschreibung von der den Aufwandskennziffern zugrunde liegenden Konjunktursituation im Frühjahr 1978 – einer Zeit ausgeglichener Konjunktur – abweicht.

Es ist jedoch mit erheblichen Unsicherheiten verbunden, zum Zeitpunkt einer frühen Kostenermittlung die konjunkturelle Entwicklung zu extrapolieren, also vorausschauend zu beurteilen, welche Situation einige Monate oder auch ein Jahr nach der Kostenberechnung, d. h., zum Ausschreibungszeitpunkt, vorliegen wird (Abb. 11 [53, S. 8]).

Einige Kriterien, die für das Einschätzen konjunktureller Tendenzen als Anhaltsgrößen dienen können, sind

- die prozentuale Zu- oder Abnahme der Hochbaugenehmigungen in Mio. m^3 umbauten Raumes, die als Frühindikator für die Konjunkturprognose anzusehen ist;

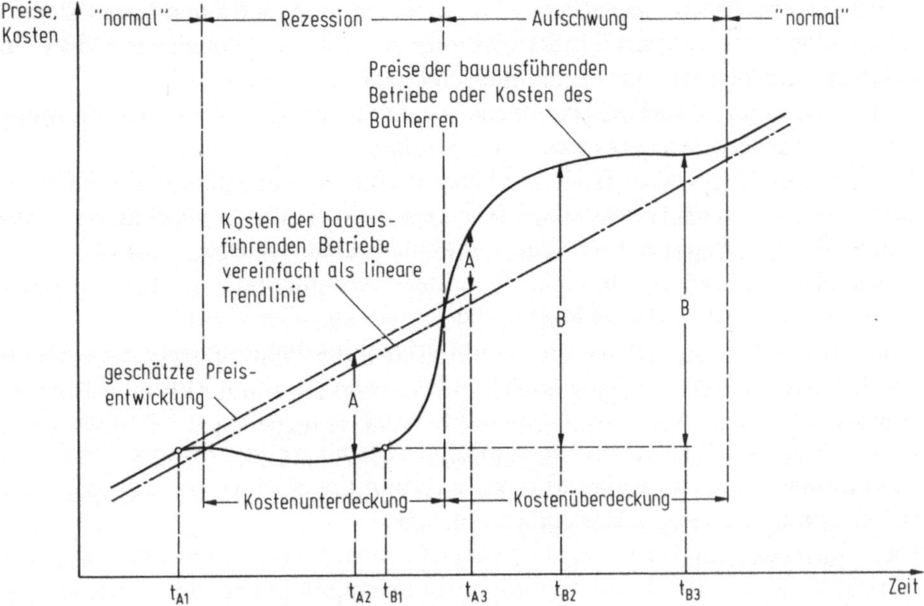

Kostenberechnung :   Kostenberechnung zum Zeitpunkt t_{A1} ;
mit Beachtung der
geschätzten Preis-
entwicklung

Submission zum Zeitpunkt t_{A2} ; Submissionsergebnisse (Kostenanschlag) erheblich unter Kostenberechnung (A_{tA2}).

Submission zum Zeitpunkt t_{A3} , z.B. Verzögerungen aufgrund behördlicher Auflagen; Submissionsergebnisse (Kostenanschlag) diesmal erheblich über Kosten- berechnung (A_{tA3}).

Fall B :

Kostenberechnung :   Kostenberechnung zum Zeitpunkt t_{B1} ;
ohne Beachtung der
geschätzten Preis-
entwicklung

Submission zum Zeitpunkt t_{B2} ; Submissionsergebnisse (Kostenanschlag) erheblich über Kostenberechnung (B_{tB2}).

Submission zum Zeitpunkt t_{B3} ; Submissionsergebnisse (Kostenanschlag) über Kostenberechnung (B_{tB3}).

Abb. 11. Kostenberechnung und Kostenanschlag im Konjunkturverlauf

– der Auftragsbestand im Bauhauptgewerbe in Monaten oder in Mio. DM [59], (bezogen auf ein Baujahr);
– die prozentuale Zu- oder Abnahme von öffentlichen Mitteln, von Finan- zierungshilfen für Neubauten und Modernisierungsleistungen wie Förde- rungsmitteln aus dem Bund-Länder-Programm, dem Landesprogramm oder dem Programm für Zukunftsinvestitionen (ZIP);
– die Veränderungen des Zins- oder Diskontsatzes.
Beispielsweise kann sich unter einer bestimmten Datenkonstellation eine 1 %ige Erhöhung des Zinssatzes als eine 10 %ige Erhöhung der Baukosten auf die Miete auswirken [28, S. 262];
– die Entwicklung von Submissionsergebnissen.

Auch Informationsgespräche mit bauausführenden Betrieben über die von ihnen erwartete Konjunkturentwicklung sind für den Planer eine Hilfe, um künftige Kostenentwicklungen einzuschätzen.

Analysen konjettureller Tendenzen werden von Wirtschaftsforschungsinstituten, insbesondere aber auch von Banken, vorgenommen.

Je näher die Zeitpunkte der Kostenberechnung und der Submission aneinanderliegen, um so eher wird eine künftige Konjunkturlage abschätzbar sein.

Das Abschätzungsergebnis findet schließlich seinen Ausdruck in Form eines Kosteneinflußfaktors, also eines Zu- oder Abschlagfaktors, bei der Festlegung des Kalkulationsmittellohns aller Gewerke.

Eine auf Erfahrung aufbauende, sorgfältige Einschätzung aller Kosteneinflußfaktoren liefert – ungeachtet der Schwierigkeit, konjunkturelle Entwicklungen vorauszusagen – eine notwendige Korrekturgröße zur Kostenberechnung. Erst eine die Kostenberechnung korrigierende Größe erlaubt ein Vorausempfinden der Kalkulationssituation und der sich daraus ergebenden Preisbildung der bauausführenden Betriebe.

Die Bestandsaufnahme zur Entwurfsplanung (AWK-Methode II) wird mit einer quantitativen und qualitativen Einschätzung der Modernisierungsmaßnahmen fortgesetzt. Auf den Bestandsaufnahmeblättern des zweiten Informationskomplexes werden die nach Kategorien unterteilten Maßnahmen mengenmäßig eingetragen (Anhang 7.4.2.3). Da die Güte der Bestandsaufnahme von großer Bedeutung ist, macht die AWK-Methode hierfür bestimmte Auflagen und führt, um Mißverständnisse zu vermeiden, Definitionen und Meßvorschriften zu den Elementen ein [4, Anlageband II, S. 298].

Für das besonders kostenträchtige Element der Putz- und Stuckfassade wird im Anhang 7.2 eine Erläuterung und eine Checkliste für die Einordnung der zu renovierenden Fassade in Stufen unterschiedlich reicher Gliederung aufgeführt.

Bei der Bestandsaufnahme sollte jeder Raum vom Planer einzeln besichtigt und die Unterelemente einzeln beurteilt werden.

Zur Differenzierung verschiedener Maßnahmekategorien je Unterelement bzw. je Teilbauelement können auch unterschiedliche Farben in die Zeichnungen des ersten Informationskomplexes eingetragen werden, um damit eine größere Überschaubarkeit zu gewinnen.

Ergänzend zu den Endoskopieverfahren, anderen zerstörungsfreien Untersuchungen sowie den Gutachten über den Holzzustand, sollten bei schwierig einzuschätzenden Bauteilen, wie Schornsteine und Kellerisolierungen, weitere Gutachter zu Rate gezogen werden. Bestehen – auch nach Heranziehen von Gutachtern – noch schwerwiegende Zweifel am Zustand nicht sichtbarer „kostenträchtiger" Bauteile, so sollte der Planer soweit möglich schon jetzt behindernde Deckschichten entfernen und das zweifelhafte Bauteil untersuchen lassen.

Für die Bestandsaufnahme der AWK-Methode II gelten sonst die gleichen Ausführungen wie bei der Methode I (Kostenschätzung):

Berechnung der Modernisierungskosten

Nach der Mengenermittlung der nach Maßnahmekategorien unterteilten Unterelemente erfolgt die Errechnung der Summe der Lohnstunden und der Materialkosten für das Gebäude auf den Berechnungsblättern 1 bis 6 des zweiten Komplexes der AWK-Methode IIa (Anhang 7.4.2.1). Die angepaßten und um den Gemeinkostenzuschlag erhöhten Materialkosten werden in Zeile 2 und die aktualisierten Lohnkosten in Zeile 3 des Ergebnisblocks I auf dem Berechnungsblatt 6 ermittelt. Weiterhin werden die für die bauausführenden Betriebe zu erwartenden Kosteneinflüsse beim aktualisierten Kalkulationsmittellohn aller Gewerke mit einem Kosteneinflußfaktor in Zeile 3 berücksichtigt. Die Summe der Lohn- und Materialkosten wird in Zeile 4 des Ergebnisblocks I ermittelt.

In Zeile 5 wird die Summe der Modernisierungskosten (brutto), (DIN 276.3), also einschließlich der Mehrwertsteuer, errechnet. Auf dem Berechnungsblatt 7 der AWK-Methode IIa werden die Modernisierungskosten in Instandsetzungs- und Modernisierungskosten im engeren Sinne unterteilt. Auf dem Berechnungsblatt 7 werden sowohl die Modernisierungskosten, wie auch die Instandsetzungs- und Modernisierungskosten im engeren Sinne, in Prozent der vergleichbaren Neubaukosten bestimmt.

Wann es zweckmäßig ist, zur Ermittlung der Modernisierungskosten statt der AWK-Methode IIa die Methoden IIb oder IIc anzuwenden, soll im folgenden erläutert werden.

Die Höhe der Modernisierungskosten und die Genauigkeit ihrer Ermittlung hängen nicht nur vom Zustand des Gebäudes, von der Güte der Bestandsaufnahme, von der Gewinnung und Ermittlung der Aufwandskennziffern, von der Einschätzung der Kosteneinflüsse und anderen Faktoren ab, sondern werden auch von der *Qualität der Planung* erheblich beeinflußt. Bei annähernd gleichem Gebrauchswert der Modernisierungsalternativen sind Kostenunterschiede von ± 20% keine Seltenheit [51, S. 38].

Planungsalternativen gehören zu den Voraussetzungen jeder guten Planung. Sie werden – ähnlich wie in der Vorplanung mit der AWK-Methode Ib – in der Entwurfsplanung mit der Methode IIb bewertet. Die Methode IIb kann auch bei der in Abschnitt 3.2 erwähnten Planungsmethode eingesetzt werden, die neben den Kosten auch den Wohnwert in die Entscheidung einfließen läßt [5, S. 52ff.]. Durch die Anwendung der obengenannten Planungsmethode kann der Planer dem Bauherrn eine gute Hilfe bei der Entscheidung über „Abriß oder Modernisierung" bieten.

Die Anwendung der Methode IIb erfolgt in gleicher Weise wie die der Methode IIa.

Nach der AWK-Methode IIa „Grundaufbau" und der AWK-Methode IIb „Gebäude- und Wohnungsspezifischer Aufbau" steht als dritte Form die AWK-Methode IIc „Gewerkebezogener Aufbau" der Aufwandskennziffern zur Verfügung.

Die AWK-Methode IIc unterscheidet sich von der AWK-Methode IIa durch eine Aufschlüsselung in Stunden- und Materialwerte einzelner Gewerke je Maßnahmekategorie eines Unterelements. Die Anwendung der AWK-Methode IIc erfolgt ebenso wie die der Methode IIa, deren Bestandsaufnahmeblätter übernommen werden.

Die Methode IIc wurde entwickelt, um auch bei den Gewerken schon zu Beginn des Planungsprozesses eine kontinuierliche Steuerung und Überwachung der Modernisierungskosten des Bauwerks zu ermöglichen. Bei der konventionellen Kostenermittlung besteht ein Bruch in der Gliederung, weil dort die Kostenberechnung nach Elementen, der Kostenanschlag jedoch nach Gewerken gegliedert ist.

Die AWK-Methode IIc überbrückt diesen Bruch und gibt dem Planer ein Hilfsmittel zur Beurteilung von Angebotspreisen bauausführender Betriebe in die Hand, das es ihm ermöglicht, eine Beziehung zwischen den Angebotspreisen und den mit der Methode IIc berechneten Kosten der Gewerke herzustellen. Bei einer Kostenberechnung nach Methode IIc, mit der die Modernisierungkosten pro Gewerk ermittelt werden, können infolge der auch hier noch pauschalen Zusammenfassung der Positionen zu Unterelementen, besonders bei den Gewerken mit sehr kleinem Anteil an den Gesamt-Modernisierungskosten, noch merkliche Abweichungen auftreten.

In Abb. 12 werden am Beispiel eines Projekts die je Gewerk „berechneten Kosten" den festgestellten „Ist-Kosten" gegenübergestellt. Dabei ist der Aufbau der Leistungsverzeichnisse bei den Projekten A bis E mit denen der AWK-Methode IIc vergleichbar.

In ähnlicher Form wie in Abb. 10 für die AWK-Methode I, wurden in Abb. 13 praktisch erzielte Ergebnisse der AWK-Methode II dargestellt.

Durch die Anwendung der feiner gegliederten Methode II hat sich, wie zu erwarten, der Fehler der berechneten Soll-Kosten für die Modernisierung des Bauwerks gegenüber den Ergebnissen der Methode I erheblich verringert. Abbildung 13 zeigt an den gleichen fünf Projekten die nach der Methode II berechneten Modernisierungskosten und ihre Abweichungen von den festgestellten Ist-Kosten. Die Ergebnisse der Anwendungsformen a, b und c ergeben natürlich die gleichen Modernisierungskosten des Bauwerks, wenn von gleichen Voraussetzungen ausgegangen wird. Die Ergebnisse der Methoden I und II sind in Tabelle 4 einander gegenübergestellt. Sowohl die Methode I, wie auch die Methode II haben in der praktischen Anwendung Ergebnisse erzielt, die ausschließlich oberhalb der festgestellten Ist-Kosten und innerhalb des geforderten Toleranzbereichs lagen.

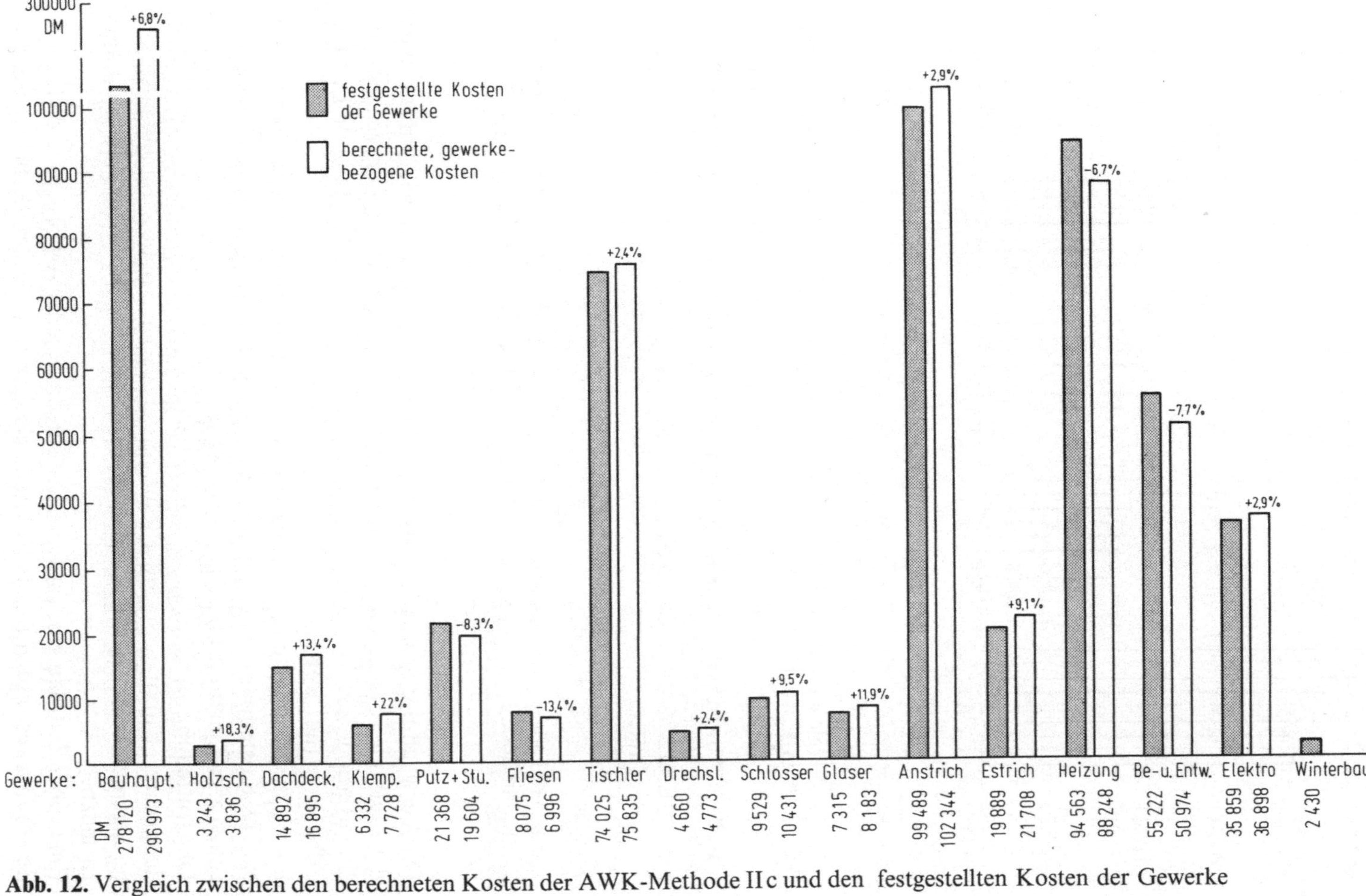

Abb. 12. Vergleich zwischen den berechneten Kosten der AWK-Methode IIc und den festgestellten Kosten der Gewerke

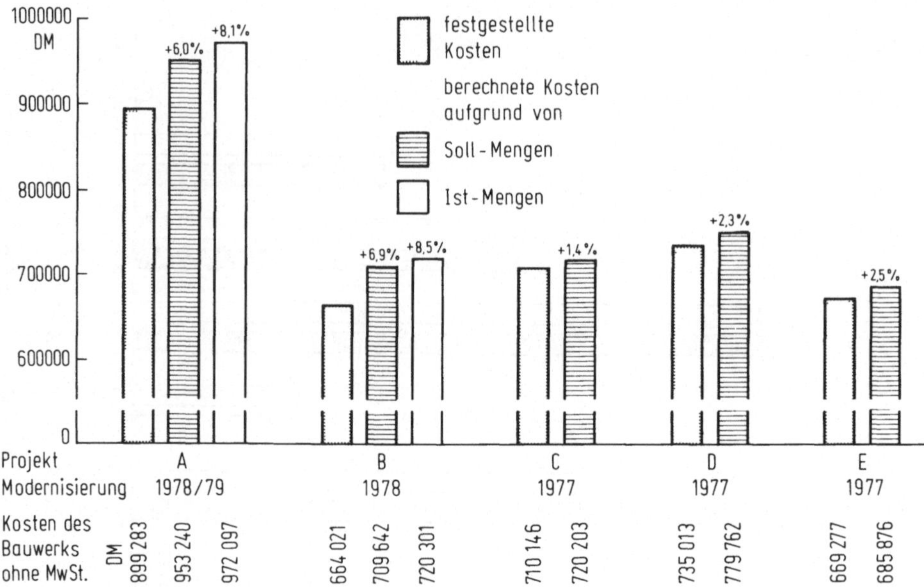

Abb. 13. Vergleich zwischen berechneten Kosten der AWK-Methode II und den festgestellten Kosten

Tabelle 4. Abweichungen der nach Methode I und II ermittelten Kosten von den festgestellten Ist-Kosten

AWK-Methode \ Projekt	A	B	C	D	E
AWK-Methode I	+ 9,8%	+ 9,1%	+ 5,2%	+ 6,1%	+ 6,0%
AWK-Methode II	+ 6,0%	+ 6,9%	+ 1,4%	+ 2,3%	+ 2,5%

Die Verwendung der Aufwandskennziffern in den drei Anwendungsformen der Methode II zeigt, daß die in Abschnitt 2.1 aufgestellten Forderungen an eine Methode zur frühen Kostenermittlung von der AWK-Methode I und II offenbar erfüllt werden.

Durch die im allgemeinen eingehaltenen Toleranzgrenzen wird eine relativ exakte Kostenbasis auch für die Berechnung des Planerhonorars in den ersten vier Leistungsphasen der HOAI erzielt.

Die Aufteilung der Aufwandskennziffern in die vier Grundelemente Stundenansätze, Kalkulationsmittellohn, Materialkosten ohne Zuschlag und Materialgemeinkostenzuschlag, erleichtert auch die Aufgabe, einen Zeitplan aufzustellen.

Ein grober Zeitplan kann anhand der Gliederung der AWK-Methode II c aus den Gewerkestunden für die Bauteile ermittelt und unter Berücksichtigung der gegenseitigen Abhängigkeiten als Ablaufplan zeichnerisch dargestellt werden. Der Plan soll Auskunft über Anfang und Ende der Bauzeit sowie über die Termine einiger wichtiger Gewerke in Monaten geben.

Da die Ermittlung des Kalkulationsmittellohns aller Gewerke stark vom Anfang und Ende der Bauzeit abhängt, ist deshalb auch ein Zeitplan erforderlich, um bei Anwendung der Methode II die Kostenabweichung gering zu halten.

Auch um einen von den Ländern häufig geforderten Modernisierungsvorvertrag zu erstellen, ist es erforderlich, über einen Terminplan zu verfügen.

Die HOAI fordert für die Phasen der „Vorplanung" und der „Objektüberwachung" mehr oder weniger differenzierte Zeitpläne. Zeitpläne fördern das Terminbewußtsein und wirken sich günstig auf die Kosten aus.

3.4 Genehmigungsplanung

Ein Einfluß auf die Modernisierungskosten kann in der Genehmigungsphase durch eine mehr oder weniger stringente Handhabung seitens der Baubehörde ausgeübt werden.

Einwände der Bauaufsicht bei der Genehmigung von Modernisierungsprojekten erfolgen häufig hinsichtlich der Abstandsregelung, des Feuchtigkeitsschutzes im Naßbereich, der Feuerschutzbestimmungen, der Schall- und Wärmeschutzbestimmungen und weiterer Normen der Förderungsbestimmungen.

Solche Entscheidungen sind durch einen erheblichen Ermessensspielraum [10] gekennzeichnet, da die Altbaumodernisierung in den einschlägigen Verordnungen vielfach noch nicht genügend berücksichtigt ist.

Änderungsforderungen der Baubehörde sind bei der Kostenberechnung zu berücksichtigen.

3.5 Ausführungsplanung

In dieser Phase können die Grundelemente der Kosteninformationen – insbesondere die Lohnstunden – herangezogen werden, um lohnintensive Arbeiten auf Baustellen einzuschätzen und daraus Rationalisierungsmaßnahmen abzuleiten.

Mit Hilfe der Aufwandskennziffern können Ausführungsalternativen untersucht und verglichen werden für

- Türen;
- Innenwände;
- Fußboden- und Wandaufbau des Bades;

Tabelle 5. Gegenüberstellung möglicher Varianten der einflügeligen Zimmertür in konventioneller Ausführung und als Fertigtürelement

Art / Aufwand	Einflügelige Zimmertüren					
	konventionelle Ausführung ca. $1,0 \times 2,25$ m^2 mit Futter und Bekleidung			Fertigtürelement ca. $0,76 \times 2,01$ m^2		
	schwere u. gestemmte Ausführung	Sperrholz u. aufgesetzte Zierleisten	Sperrholz	Stahlzarge	Holzzarge u. Bekleidung	Stockfutter sehr einfache Ausfertigung
1. Ablaufzeit (Std.)	1,8	1,5	1,5	1,1	1,1	0,9
2. Std.-Lohnzeit (Std.) (einschl. Lohnzeit der Werkstatt)	35,0	25,0	21,0	2,1	3,0	1,5
3. Mat.-Kosten (DM)	310,00	185,00	130,00	192,19	141,39	110,00
4. Mat.-Zuschlag (DM) (18,2%)	56,42	33,67	23,66	34,98	25,74	20,02
5. Lohnkosten (DM) KML = 30,10 Febr. 78	1053,50	752,50	632,10	63,21	90,30	45,15
6. Einheitspreis (DM)	1419,92	971,17	785,76	290,38	257,43	175,17

– Heizungssysteme wie Gas oder Öl mit Platten-, Stahl- oder Gußheizkörpern;
– Rohrleitungsführung der Heizungsrohre in neuen Installationsschächten oder in alten nicht mehr zu verwendenden Schornsteinzügen, etc.

Am Beispiel einer einflügligen Zimmertür sollen mit Hilfe der Basis-Aufwandskennziffern die Einheitspreise für verschiedene Varianten ermittelt und – unter Berücksichtigung der Ablauf- oder Montagezeiten – Türen in konventioneller Ausführung oder als Fertigtürelement einander gegenübergestellt werden (Tabelle 5). In dieser Gegenüberstellung sind Maurerarbeiten für das Schließen eventuell verbleibender Öffnungen vernachlässigt.

Wird eine andere Ausführungsvariante als die den Aufwandskennziffern zugrunde liegende gewünscht, so wird der Planer, falls die Kosten einer solchen Variante höher werden, steuernd eingreifen.

Bei der Altbaumodernisierung ist die Möglichkeit, andere Ausführungsvarianten zu wählen, sehr viel geringer als bei Neubauvorhaben. Vorliegende

Gegebenheiten schränken Ausführungsalternativen von Bauteilen ein. Ein Teil möglicher Alternativen wird bereits in der Entwurfsphase ausgeschieden. Jedoch darf die Möglichkeit der Kostenbeeinflussung während der Ausführungsplanung nicht unterschätzt werden, da die Ausführungszeichnungen Grundlage sowohl für die Aufstellung der Leistungsverzeichnisse, als auch für die Preisermittlung und die Baudurchführung der bauausführenden Betriebe sind.

3.6 Vorbereitung der Vergabe

Der praxisübliche Begriff „Ausschreibungsunterlagen" wird in der VOB/A durch die Bezeichnung „Verdingungsunterlagen" ersetzt. Die Erstellung der Verdingungsunterlagen wird anhand
- der Massenermittlung,
- der Leistungsbeschreibung mit Leistungsverzeichnis und
- der Vertragsbedingungen
verdeutlicht.
Um eine vollständige und hinreichend genaue *Massenermittlung* zu erreichen, müssen die Ausführungszeichnungen sowie die Unterlagen über die Bestandsaufnahme vorliegen. Eine weiter ins Detail gehende Bestandsaufnahme sollte dem inzwischen fortgeschrittenen Planungsstadium Rechnung tragen. Falls es für die Erzielung genauer Massenangaben erforderlich ist, verdeckte kostenträchtige Bauteile freizulegen und dies bisher noch nicht geschehen ist, sollte es jetzt vorgenommen werden.
Um zu vermeiden, daß die mit den Angeboten erzielten Kosteninformationen durch unzweckmäßige „Ausschreibungsgepflogenheiten" des Planers verzerrt werden, sollten bei der Aufstellung der *Leistungsverzeichnisse* die im folgenden aufgeführten Punkte beachtet werden:
- Anwendung der gewerkebezogenen Gliederung der AWK-Methoden I, II c.
- Auftragsvergabe an Fach- und nicht an Generalunternehmer.
- Übersichtliche Zuordnung der Positionen zu den Elementen gemäß der bauteilorientierten Gliederung.
- Beschreibung der Teilleistungen gemäß den Forderungen in Abschnitt 2.3.2 und VOB, Teil A.
- Aufteilung der Positionen in die vier Grundelemente der Aufwandskennziffern.
- Zugrundelegung eines Einheitspreisvertrags und nicht eines Pauschalvertrags wegen der vielen Unwägbarkeiten bei Modernisierungsvorhaben.

Pauschalverträge finden besonders bei Installationsfirmen großen Anklang, weil u. a.
- wenig erfahrene Planer mangels spezieller Fachkenntnisse im Leistungsverzeichnis viele entbehrliche, nicht zur Ausführung gelangende Positionen aufführen und

– die Betriebe sich darüber hinaus bemühen, Einsparungseffekte durch Optimierung der Rohrführung und Rohrdurchmesser zu erzielen.
Infolge dieser Einsparungen gelingt es den Installationsbetrieben häufig, bei Fortbestehen des Pauschalvertrags ihren Gewinn zu erhöhen.
Für das Aufstellen des Leistungsverzeichnisses und für die Bauüberwachung der Installationsleistungen ist es daher zweckmäßig, einen Fachplaner heranzuziehen.

Auch bei der Erstellung der praxisnahen Muster-Leistungsverzeichnisse [4, Anlageband I], deren hilfsweise Heranziehung empfohlen wird, sind obenstehende Gesichtspunkte weitgehend berücksichtigt worden.

Zu den Ausschreibungsunterlagen gehören neben den Leistungsverzeichnissen auch die *Vertragsbedingungen*, die Einfluß auf die Positionspreise und die Angebotspreise ausüben.

Die Vertragsbedingungen [83, Teil A, § 10] umfassen
– die Allgemeinen Vertragsbedingungen (VOB/B);
– die Allgemeinen Technischen Vorschriften (VOB/C);
– etwaige Zusätzliche Vertragsbedingungen (ZVB);
– etwaige Besondere Vertragsbedingungen (BVB);
– etwaige Zusätzliche Technische Vorschriften (ZTV).

Es müssen eindeutige, vollständige und hinreichend abgesicherte Vertragsbedingungen erstellt werden. Zu beachten sind die Grundsätze aus VOB/A § 11 bis 15 über Ausführungsunterlagen, Vertragsstrafen und Prämien, Gewährleistung für die Modernisierungsleistung, Sicherheitsleistung sowie Vergütungsänderungen.

Wenn der Planer ausschließlich die „Allgemeinen Vertragsbedingungen" der VOB/B zugrundelegt, werden für die Bauausführung wichtige Verfahren und Regelungen nur zum Teil berücksichtigt [20]. Der Planer muß deshalb bemüht sein, zu wichtigen Punkten der VOB/B noch „Besondere Vertragsbedingungen" hinzuzufügen.

Die Abgrenzung zwischen den „Zusätzlichen" und „Besonderen Vertragsbedingungen" ist weder in der VOB/A noch in der Praxis eindeutig geregelt. „Zusätzliche Vertragsbedingungen" sind zwar auf die Verhältnisse häufig vorkommender Bauvorhaben zugeschnitten, sind jedoch generelle Ergänzungen und Änderungen des Teils B der VOB. Die „Besonderen Vertragsbedingungen" sind nach VOB § 10 auf besondere Punkte des Bauvorhabens zugeschnitten und betreffen vor allem Teil A, § 13, Nr. 1, 4, 7; § 7.

Der Planer sollte sich jedoch über mögliche Auswirkungen „Besonderer" und „Zusätzlicher Bedingungen" auf die Kosten bewußt sein, vor allem wenn er zusätzliche Vereinbarungen trifft, bei denen das Risiko unmittelbar zu Lasten des Auftragnehmers geht. Hierdurch veranlaßt der Planer die bauausführenden Betriebe, diese zusätzliche Wagnisaufbürdung, je nach Konjunkturlage und unternehmerischen Vorstellungen, evtl. durch einen Risikozuschlag zu berücksichtigen.

Um zur Einarbeitung der Vertragsbedingungen in die Ausschreibungsunterlagen eine Hilfe zur Hand zu haben, kann der Planer die praxisnahen

„Zusätzlichen und Besonderen Vertragsbedingungen" sowie die „Zusätzlichen Technischen Vorschriften" aus der Dissertation des Verfassers verwenden [4, Anlageband I].

Zu den Verdingungsunterlagen gehören neben den Leistungsverzeichnissen und den Vertragsbedingungen noch die „Ergänzenden Angaben", die sich ebenfalls auf die Angebotspreise auswirken können. Sie können u.a. aus Zeichnungen, Berechnungen und Mustern bestehen.

In den Verdingungsunterlagen spielt der Beginn und das Ende der Bauausführung, mit Angabe des Monats oder Kalenderwoche, eine wichtige Rolle bei der Preisermittlung der Betriebe. Der Planer sollte in dieser Phase prüfen, ob sich im Vergleich zu dem in der Entwurfsplanung aufgestellten Ablaufplan aufgrund der nun vorliegenden, besser abgesicherten Informationen, Änderungen hinsichtlich des Zeitplans ergeben. Falls starke Abweichungen auftreten, obliegt es dem Planer, mit den ermittelten Gewerkestunden je Bauteil, den zeitlichen Einsatz, d.h. Anfang und Ende der Tätigkeiten der einzelnen Betriebe, erneut nach Monat oder in besonderen Fällen nach Woche, festzulegen. Bei der Erstellung des Ablaufplans strebt der Planer eine günstige Bauzeit bei minimalen Baukosten an.

3.7 Mitwirkung bei der Vergabe

Vor der Versendung der Verdingungsunterlagen sollte ein kostenbewußter Planer eine Analyse der zu diesem Zeitpunkt bestehenden Situation auf dem Markt der Altbaumodernisierung vornehmen; auch der Markt der Neubauvorhaben ist hierbei beachtenswert. Besonders gilt dies für Planer bzw. Auftraggeber, die ein umfangreiches Volumen an Modernisierungsprojekten zu vergeben haben.

Es sollte in Betracht gezogen werden, inwieweit die Gefahr besteht, daß durch gleichzeitige Vergabe großer Lose oder auch vieler kleiner Aufträge, der Eindruck einer lokalen Übernachfrage nach Modernisierungsleistungen entsteht und damit zu überhöhten Angebotspreisen Anlaß gibt. Eine Verteilung der Einzelausschreibungen auf einen angemessenen Zeitraum kann hier günstiger sein.

Zum Submissionstermin – also nach Vorliegen der Angebote – erfolgt deren Prüfung und Wertung in rechnerischer, technischer und wirtschaftlicher Hinsicht, wie es die VOB fordert.

Eine technische Prüfung könnte sich u.a. auf die Untersuchung der Brauchbarkeit von Sondervorschlägen, wie auf den Einbau von Badzellen, beziehen.

Normalerweise bereitet es dem Planer erhebliche Schwierigkeiten, festzustellen, welcher der Angebotspreise im Ausschreibungsverfahren als „angemessen" gelten kann. Solche Schwierigkeiten ergeben sich z.B. dadurch, daß

– die Betriebe unterschiedliche Kalkulationsverfahren anwenden und dies zu
  verschieden hohen Angebotspreisen führen kann;
– bisher kaum Erfahrungswerte für den unterschiedlichen Arbeitsumfang
  bei Modernisierungsleistungen vorliegen.

Da die Modernisierungsleistung erst nach Vertragsabschluß erbracht wird
und erhebliche Qualitätsunterschiede aufweisen kann, stellt das Angebot des
bauausführenden Betriebs zunächst lediglich ein „Leistungsversprechen"
dar. Für die Angebotspreise kann demnach auch nur ein „Angemessenheitsbereich" existieren [4] (Abb. 14).
Die Leistungsobergrenze wird durch die Verdingungsunterlagen vorgegeben;
die Leistungsuntergrenze ergibt sich aus der technischen Verantwortung der
bauausführenden Betriebe und der Bauaufsicht des Planers für die Modernisierungsleistung. Die Preisuntergrenze wird aufgrund der Preisermittlung der
bauausführenden Betriebe und durch deren Verhandlungen mit dem Auftraggeber bestimmt; die Preisobergrenze wird u. a. von der Durchsetzbarkeit
des infolge der Modernisierung erhöhten Mietpreises, von verschiedenen
durch Förderungsprogramme gegebenen Kostengrenzen und evtl. von einer
Prüfung und Wertung des Angebots mit Hilfe der Aufwandskennziffern
beeinflußt. Der günstigste Angebotspreis kann dann als angemessen gelten,
wenn damit die betriebsindividuellen Kosten des Bieters und ein ausreichender Betrag für das Unternehmerwagnis, einschließlich Mehrwertsteuer, gedeckt sind [28].

Aus dieser Definition ist zu erkennen, daß es den allgemeingültigen Einheitspreis für
eine Modernisierungsleistung nicht gibt. Von kritiklos aufgebauten sogenannten Mit-
telwertspeichern wird in diesem Buch kein Gebrauch gemacht.

Damit kommen natürlich bei einer Submission unterschiedlich hohe angemessene Preise (Angemessenheitsbereich) zustande und für den Auftraggeber
stellt sich innerhalb des Preisspielraums die Frage, welches Angebot ausge-
schieden werden muß, da es nicht mehr in den Bereich fällt, in dem beide
Vertragspartner noch Schutz gegen negative Begleiterscheinungen finden
[54].
Von der unter Vorsitz des Bundesbauministers tätigen Arbeitsgruppe des
„Gesprächskreises zur Verbesserung der Wettbewerbsverhältnisse auf dem
Baumarkt" sind hierzu Grundsätze für die Wertung der Angebote nach § 25
VOB/A erarbeitet worden, die als Ergänzung zu dem Vergabehandbuch der
Behörden eingeführt worden sind. Für die im Herrschaftsbereich des Bundes
anfallenden Vergaben ist die Anwendung dieser Grundsätze zwingend. Es
erscheint sinnvoll, sie auch bei der Wertung der Angebote für Modernisierungsleistungen in der privaten Wirtschaft anzuwenden [69].
Um festzustellen, welcher Angebotspreis unangemessen hoch oder unangemessen niedrig erscheint, kann unter Verwendung dieser Grundsätze folgendermaßen vorgegangen werden.

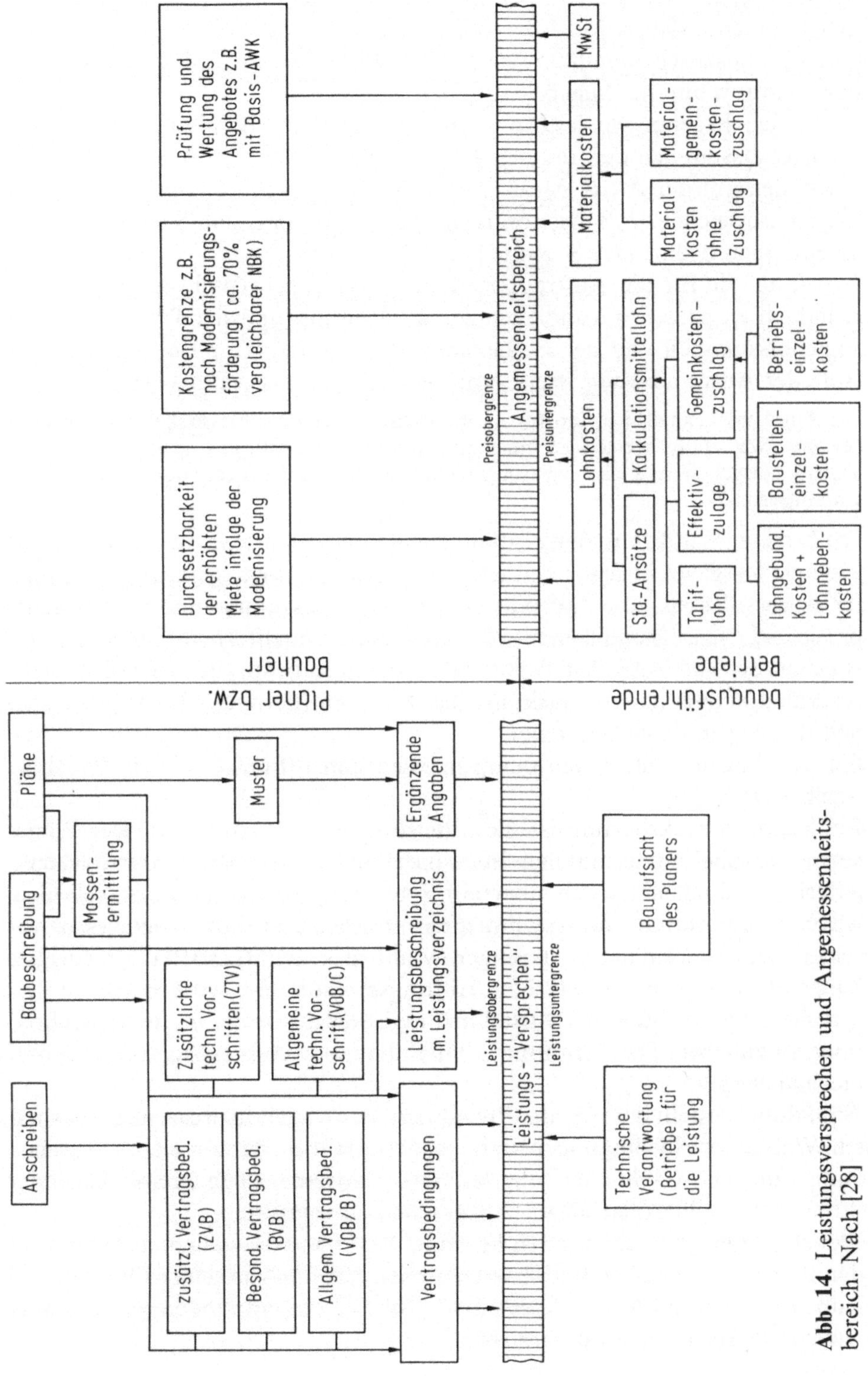

Abb. 14. Leistungsversprechen und Angemessenheitsbereich. Nach [28]

Bei der Prüfung der Angemessenheit der Angebotspreise ist zunächst festzustellen, ob ein offenbares Mißverhältnis zur Leistung vorliegt. Solche Angebote sind auszuscheiden [83, Teil A, § 25]. Ein offenbares Mißverhältnis besteht dann, wenn die Angebotssummen

– von den Ergebnissen leistungs- und zeitgleicher Submissionen und den Angebotssummen der anderen Bieter bzw.
– von den mit der AWK-Methode II c für ein Gewerk errechneten Kosten so grob abweichen, daß dies sofort ins Auge fällt, ohne daß es einer Prüfung im einzelnen bedarf [71, S. 586 ff.].

Angebote, die für die Auftragserteilung in die engere Wahl kommen, sind gründlich zu prüfen. Grundlagen für die Prüfung sind der Preisspiegel der Angebotssummen und der Einheitspreise, sowie der Vergleich mit den mit Hilfe der Aufwandskennziffern ermittelten Modernisierungskosten.

Die Aufwandskennziffern sind für die Beurteilung der Angemessenheit eines Preises geeignet, weil diese Werte von einer einwandfreien Ausführung gemäß § 25, Nr. 2 VOB/A ausgehen und eine wirtschaftliche und sparsame Verwendung der Mittel gewährleisten.

Ein besserer Einblick in den Aufbau der Preise einzelner Positionen und eine leichtere Vergleichsmöglichkeit wäre zu erzielen, wenn es gelänge, die Anbieter zu veranlassen, eine Aufspaltung der Angebotssumme und der Einheitspreise in die vier Grundelemente der Aufwandskennziffern vorzunehmen. Im Rahmen des § 24 VOB, Teil A, kann der Auftraggeber im Bedarfsfall auch die Kalkulation oder andere Auskünfte des Bieters fordern, um die Angemessenheit des Angebots zu beurteilen.

Auf ein Angebot mit einem unangemessen hohen Preis darf kein Zuschlag erteilt werden [69].

Ein Begrenzungskriterium ist die „Preisobergrenze" (Abb. 14). Der Planer verfügt darüber hinaus mit dem Preisspiegel und den mit den Aufwandskennziffern errechneten Kosten über ein Spektrum von Kosteninformationen, welches ihm erlaubt, die Angebotspreise hinsichtlich ihrer Angemessenheit selektiv zu bewerten und in die engere Wahl zu ziehen. Ist auch der niedrigste Angebotspreis so hoch, daß eine Auftragserteilung die wirtschaftliche und sparsame Verwendung der Mittel in Frage stellen würde, ist die Ausschreibung aufzuheben. Die Vermutung, daß Submissionsabsprachen vorliegen, ist hier naheliegend.

Abbildung 15 stellt dar, wie der Preisspiegel der Angebotspreise unter normalen Wettbewerbsbedingungen und bei Absprachen der Anbieter aussehen kann. Ein relativ schmaler, oberhalb eines angemessenen Preises liegender Streubereich gibt Anlaß dazu, Absprachen zu vermuten.

Jedoch sollten generell zu hoch liegende Angebotspreise auch ein Anlaß für den Planer sein, noch einmal Zweifel an den Grundlagen seiner Planung und frühen Kostenermittlung (Abschnitt 3.1 bis 3.3) zu empfinden und sie einer letzten Überprüfung zu unterziehen.

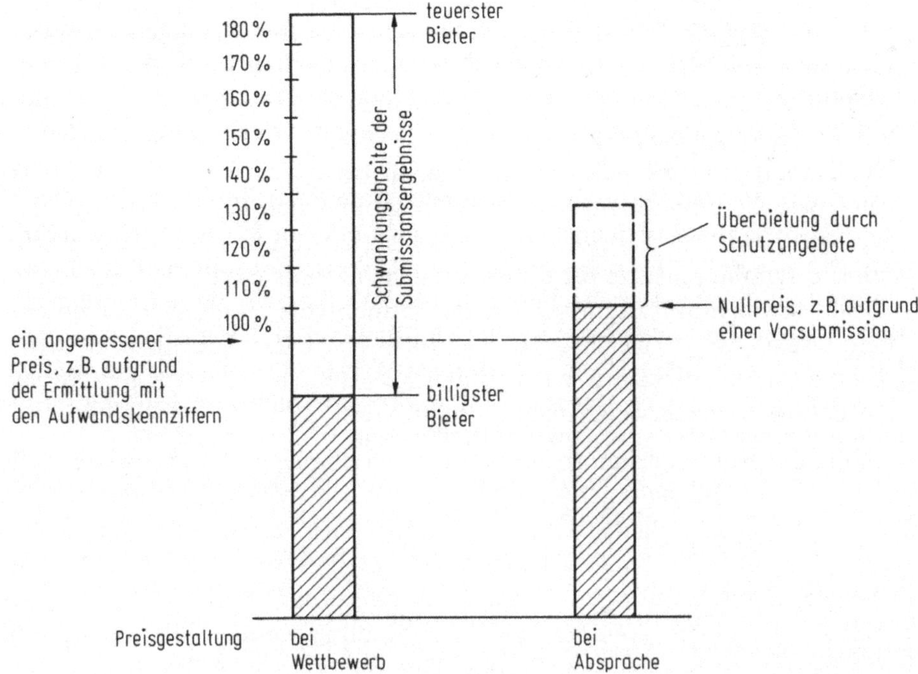

Abb. 15. Mögliche Preisgestaltung bei Wettbewerb bzw. Absprache. Nach [28]

Auch auf ein Angebot mit einem unangemessen niedrigen Preis darf ein Zuschlag nicht erteilt werden.

Im Unterschied zur „Preisobergrenze" ist eine „Preisuntergrenze" (Abb. 14) für Planer oder Bauherrn ein weit weniger aussagekräftiges Kriterium. Eine Preisuntergrenze kann nur vom bauausführenden Betrieb selbst ermittelt werden und hängt u. a. von der individuellen Situation des Betriebs ab (Abschnitt 4.1).

Zweifel an der Angemessenheit eines Preises ergeben sich immer dann, wenn der Angebotspreis eines Bieters erheblich niedriger ist als die übrigen. Als „erheblich" sind Abweichungen zu bezeichnen, die um mehr als 10 % von den nächsthöheren Angeboten abweichen [69].

Bei solchen Angeboten sind die Einzelansätze, objekt- und betriebsbezogen, unter folgenden Gesichtspunkten zu untersuchen:

– Die Materialkosten (ohne Zuschlag) pro Leistungseinheit bzw. pro Angebot sollten von den vergleichbaren Werten der Muster-Leistungsverzeichnisse [4, Anlageband II] bzw. der AWK-Methode II c nicht extrem abweichen.

– Der Materialgemeinkostenzuschlag soll dem entsprechenden gewerkebezogenen Wert der Aufwandskennziffern weitgehend nahekommen; Abweichungen können auftreten, wenn die Gemeinkosten für die Materialwirtschaft im Kalkulationsmittellohn berücksichtigt werden.

- Der Zeitansatz pro Teilleistung bzw. die Gesamtstundenzahl des Gewerks sollte im wesentlichen den vergleichbaren Stundenansätzen der Muster-Leistungsverzeichnisse bzw. der AWK-Methode IIc entsprechen. Dabei sind die Zeitansätze immer im Zusammenhang mit dem Kalkulationsmittellohn zu betrachten.
- Der Kalkulationsmittellohn sollte zunächst den Tariflohn, übliche Zulagen sowie die lohnabhängigen und lohngebundenen Kosten berücksichtigen, wie dies in der Tabelle 1 aufgeführt ist. Weiterhin sollten im Kalkulationsmittellohn Ansätze für die Baustelleneinzelkosten, die Betriebseinzelkosten sowie Einzelwagnisse in wirtschaftlich vertretbarem Rahmen enthalten sein. Als Vergleichsgrößen können Werte der Tabelle 1 im weiten Rahmen herangezogen werden. Materialkosten sollten im Kalkulationsmittellohn normalerweise nicht enthalten sein.

Mit Hilfe der Aufwandskennziffern und des Preisspiegels kann so festgestellt werden, ob ein Billigstangebot – also der niedrigste Angebotspreis – nicht mehr im Angemessenheitsbereich liegt. Trifft dies zu, so sollte ein solches Angebot gemäß § 25, Nr. 2, Abs. 2, Satz 2 VOB/A, ausgeschieden werden. Im Vergleich zu den übrigen Angeboten und zu den Aufwandskennziffern begründen niedrigere Ansätze jedoch nicht ohne weiteres die Vermutung eines unangemessen niedrigen Preises. Der Bieter kann Anlaß haben, aufgrund saisonaler, konjunktureller oder anderer Einflüsse, auf einzelne der obengenannten Ansätze teilweise zu verzichten. In diesen Fällen ist lediglich zu prüfen, ob er sachlich gerechtfertigte Gründe angeben kann, knapper zu kalkulieren als die übrigen Bieter (Abschnitt 4.1). Der Planer sollte sich darüber im klaren sein, welche negativen Folgen es hat, wenn er besonders in Rezessionszeiten seine Nachfragemacht dazu benützt, in Verhandlungen so hohe Nachlässe von Bietern zu erzwingen, daß die Angebotspreise unterhalb des Angemessenheitsbereichs liegen.

Gerade in der Altbaumodernisierung können sich, aufgrund vieler Unwägbarkeiten, solche negativen Folgen ergeben, die sich als mangelhafte Ausführung oder als „geschickte" Nachforderungen auswirken, um damit ungünstige Ertragslagen des Betriebs zu verbessern. Im schlimmsten Fall kann dies bei Betrieben mit geringer wirtschaftlicher Potenz zum Konkurs führen, der sich schließlich, z.B. durch Bauzeitverzögerungen, auch zum Nachteil des Bauherrn auswirken kann.

Aus allen diesen Gründen sollte nur ein solches Angebot den Zuschlag erhalten, das im Angemessenheitsbereich liegt.

Möglichst vor Baubeginn oder nur wenig später sollte der Planer die mit den einzelnen Auftragnehmern vereinbarten Preise, also die Anteile der einzelnen Gewerke an den Modernisierungskosten, zu einem Kostenanschlag für das Gesamtprojekt zusammenstellen. Die sich ergebende Summe – also die Kosten der Modernisierungsleistung – müssen den mit der AWK-Methode II

berechneten Kosten so nahe kommen, daß sie in dem angestrebten Toleranzbereich liegen (Abb. 1).
Die Anwendung empirisch abgeleiteter Aufwandskennziffern zur Bewertung
der Angemessenheit von Angeboten und zu deren Auswahl, stellt einen Beitrag zu der seit langer Zeit in der Bauwirtschaft stattfindenden Diskussion
dieses Problems und zu dessen zweckmässiger Behandlung dar [38, 52].

3.8 Bauüberwachung

In dieser Leistungsphase erfolgt zunächst die Aufstellung eines Zeitplans.
Der Planer kann die Dauer der einzelnen Arbeitsvorgänge für jedes Element
aus den Mengenangaben der Auftragsunterlagen und den für das jeweilige
Gewerk gültigen Stundenansätzen der Aufwandskennziffern ermitteln. Die
Entwicklung des Arbeitsablaufs setzt aber voraus, daß außer der Dauer der
Arbeitsvorgänge auch deren technische Abhängigkeiten berücksichtigt und
die zeitlichen Einsätze mit den Auftragnehmern festgelegt worden sind.
Für die Darstellung eines Bauablaufs sind verschiedene Planungstechniken
gebräuchlich [7, 28]:

- Liste
  Der Beginn und das Ende einer Tätigkeit sowie die hierfür erforderliche Anzahl von
  Arbeitern und die Kapazität an erforderlichen Geräten wird angegeben. Diese Art
  der Darstellung wird in der letzten Zeit häufig angewendet – vor allem in Form
  eines EDV-Ausdrucks –, jedoch mit dem Nachteil eines geringen Anschaulichkeits-
  grades.
- Liniendiagramm (Zeit-Weg-Diagramm)
  Das Liniendiagramm läßt durch den Steigungsfaktor den Arbeitsfortschritt der
  eingesetzten Fertigungsgruppen sichtbar werden. Es ist besonders für Bauwerke
  mit ausgeprägter Fertigungsrichtung, z. B. Straßen, Tunnel oder Stützmauern, ge-
  eignet.
- Netzplan
  Der Netzplan ist für komplexe Bauabläufe mit vielen Abhängigkeiten und vielen zu
  koordinierenden selbständigen Fach-Losen oder Gewerken sowie für langfristige
  Bauprojekte geeignet. Aufgrund des hohen Arbeitsaufwands wird er jedoch bei der
  Planung der Altbaumodernisierung selten verwendet.
- Balkendiagramm
  Das Balkendiagramm ist ein besonders anschauliches Verfahren. Es eignet sich
  sowohl zur Planung einzelner Arbeitsabläufe als auch des zeitlichen Einsatzes von
  Arbeitskräften und Geräten.

Bisher hat bei der Planung von Modernisierungsprojekten das Balkendiagramm aufgrund des relativ geringen dafür erforderlichen Arbeitsaufwands
und seiner hohen Anschaulichkeit die weiteste Verbreitung gefunden und ist
zu einer Grundleistung der HOAI geworden. Im Balkendiagramm können
die Bauelemente – in Gewerke unterteilt – untereinander (in der Ordinate)
aufgeführt werden (Abb. 16). Die Zeitachse wird horizontal angeordnet. Die

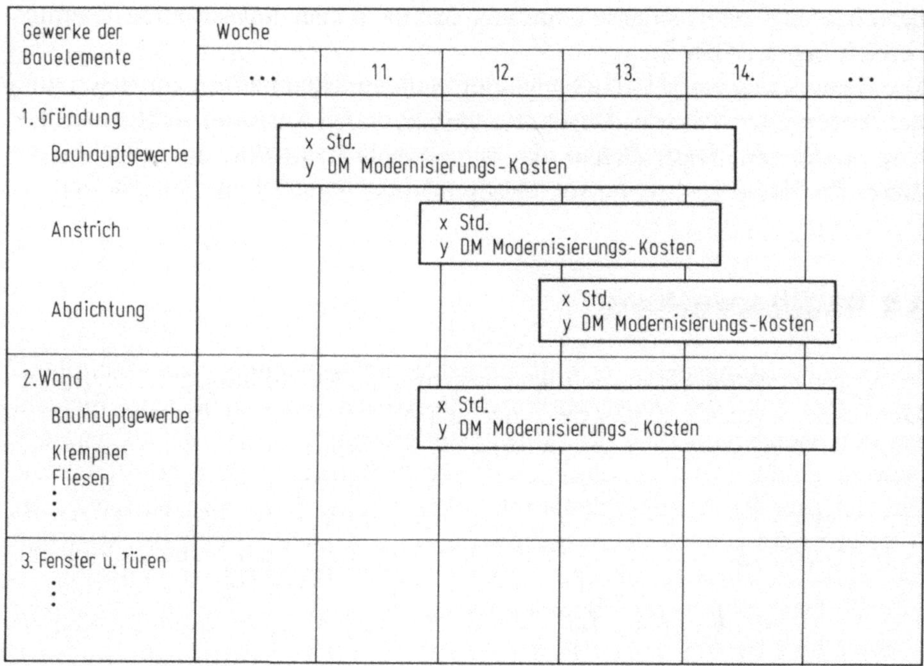

Abb. 16. Bauablaufplan der Gewerke mit prozeßbezogener Kostenübersicht

je Bauelement erforderlichen Gewerkestunden (Einsatzzeiten) werden als Zeiten in Wochen oder Tagen als horizontaler Balken aufgetragen. In den Balken des Ablaufplans wird der für das jeweilige Element und Gewerk erforderliche Gesamtaufwand an Stunden eingetragen.

In den einzelnen Balken können auch darüber hinaus die gewerkespezifischen Modernisierungskosten für jedes Bauelement eingetragen werden. Sie ergeben sich aus den Angebotswerten der Auftragnehmer bzw. aus den Aufwandskennziffern. Dies ergibt eine Grundlage für eine prozeßbezogene Kostenübersicht in der Phase der Bauüberwachung (Abb. 16). Der zeitliche Kostenanfall während des Bauablaufs kann für die einzelnen Gewerke unterhalb des Balkendiagramms graphisch oder zahlenmäßig eingetragen oder auch als Summe der Ausgaben für alle Gewerke als laufender Kostenanfall für das Bauwerk (DIN 276.3) dargestellt werden.

Mit einer solchen Zusammenstellung verfügt der Planer über ein Hilfsmittel
– für die Untersuchung und Bewertung von Ablaufalternativen;
– für das Aufstellen, Überwachen und Fortschreiben eines Zahlungsplans bzw. differenzierten Kostenplans.

Wichtige Anfangs-, Zwischen- und Endtermine der Arbeiten einzelner Gewerke aus dem Ablaufplan sollten für die Termin- bzw. Kapazitätsplanung und für Zahlungsanweisungen verwendet und zum Bestandteil des Bauvertrags werden.

Die Untersuchung von Arbeitsabläufen an einem Modernisierungsprojekt und an den Leistungen der einzelnen Gewerke hat gezeigt, daß eine Ablaufplanung den Lohnaufwand bei allen Gewerken senkt und die Bauzeit verkürzt [62]. Die Einhaltung, aber auch die laufende Korrektur des Ablaufplans, ist für eine sinnvolle Koordinierung der Arbeitsvorgänge der einzelnen Auftragnehmer ebenso notwendig wie selbstverständlich.

Zur Bauüberwachung gehört die Kontrolle der altbaugerechten Arbeitsweise und die Überwachung der Modernisierungsleistungen innerhalb des Leistungsversprechens, um „Pfusch" zu vermeiden (Abb. 14) [67].

Wenn der Planer sorgfältige Planungsunterlagen erstellt und eine Bestandsaufnahme durchgeführt hat, dürfen bei einer Bauausführung mit üblicher Bauzeit nur wenige Nachträge auftreten.

Wenn Nachträge anfallen, sollte er von den Auftragnehmern fordern, daß Positionsbeschreibungen verwendet werden, die mit den in den Muster-Leistungsverzeichnissen angewendeten vergleichbar sind und daß eine Aufteilung in die vier Grundelemente der Aufwandskennziffern vorgenommen wird. Die Prüfung und Wertung der so aufgeschlüsselten Nachträge wird erleichtert, weil neben den Angebotsunterlagen auch die Basis-Aufwandskennziffern für die Beurteilung der Angemessenheit eines Preises zur Verfügung stehen (Abschnitt 3.7).

Bei Nachträgen, Zwischen- und Schlußrechnungen sind besonders die Mengenansätze der Positionen zu kontrollieren. Dies gilt vor allem für Teilleistungen, die später wieder verdeckt werden, wie für Holzbalkendecken oder Putz. Um eine Kontrolle solcher Teilleistungen zu ermöglichen, sollte – solange sie noch überprüfbar sind – vom Planer und Auftragnehmer gemeinsam ein Aufmaß vorgenommen werden.

Wenn die Schlußrechnungen der Gewerke vorliegen und eine Kostenfeststellung – also die Ist-Kosten-Zusammenstellung – durchgeführt ist, ist für den Planer die „Stunde der Wahrheit" gekommen (Abschnitt 2.1).

3.9 Objektbetreuung und Dokumentation

Diese letzte Phase beginnt nach Abnahme der Modernisierungsleistungen und fällt im allgemeinen mit dem Anfang des Nutzungszeitraums zusammen. Ein zweifellos wesentlicher Aufgabenkomplex, die *Objektbetreuung*, also die bautechnische Kontrolle des fertiggestellten Objekts, die Feststellung und Beseitigung von Mängeln, die sich nach Fertigstellung herausstellen sowie die mit der Inbetriebnahme zusammenhängenden Aufgaben, stehen mit dem in diesem Buch vorwiegend behandelten Kosteninformationssystem in keinem engeren Zusammenhang.

Dagegen ist die *Dokumentation*, also das Erfassen und Aufarbeiten aller im Planungs- und Bauprozeß anfallenden Daten, unabdingbare Voraussetzung für eine Analyse der Ergebnisse bzw. des Erfolgs des vom Planer angewandten Kosteninformationssystems.

Eine solche Analyse ist vor allem dann unerläßlich, wenn es dem Planer in den ersten drei Stufen der Kostenermittlung (Soll-Kosten) nicht gelungen ist, sich den festgestellten Ist-Kosten in angemessenen Toleranzgrenzen zu nähern und damit der von ihm übernommenen Aufgabe gerecht zu werden. Eine erhebliche, die Toleranzgrenze überschreitende Abweichung ist als Mißerfolg zu werten und gefährdet nicht nur die Finanzierung des Modernisierungsvorhabens, sondern darüber hinaus das berufliche Ansehen des Planers. Aber auch bei erfolgreicher Anwendung des Kosteninformationssystems – also bei Einhaltung des zulässigen Toleranzspektrums – wird eine Analyse der aufbereiteten Daten dazu beitragen, in künftigen Fällen Fehler zu mindern und bessere Erfolge zu erzielen.

Der Planer sollte deshalb die Ergebnisse aus der Anwendung der Aufwandskennziffern sowie die von den Auftragnehmern stammenden Kosteninformationen der verschiedenen Phasen des Planungs- und Bauprozesses dokumentieren.

Diese „Dokumentation" bietet eine Grundlage für

- eine Erfolgskontrolle;
- eine verfeinerte Überarbeitung der Kosteninformationen [3];
- das Erkennen und Bewerten von Einflußgrößen;
- Rationalisierungsmaßnahmen bei künftigen Modernisierungen von Altbauten;
- Vergleiche und Wirtschaftlichkeit [28].

Eine Erfolgskontrolle besteht in der Prüfung, ob die gestellte Aufgabe erfüllt wurde und ob das Ergebnis den Zielvorstellungen des Bauherrn entspricht bzw. in welchem Umfang Abweichungen eingetreten sind (Vergleich der Soll- mit den Ist-Kosten). Die Analyse der Soll/Ist-Abweichungen sollte sich nicht nur auf die Modernisierungskosten, sondern auch auf die Mengen der bautechnischen Einheiten, z. B. m^3, m^2 oder Stück, beziehen. Grobe Abweichungen können verursacht werden u. a. durch

- unzulängliche Planungsunterlagen, z. B. als Folge einer zu groben Bestandsaufnahme oder unausgereifter Entwürfe;
- Änderungen der Herstellungstechnik, verursacht z. B. durch Rationalisierungsmaßnahmen;
- fehlerhafte Anwendung der Aufwandskennziffern, z. B. durch falsche Einschätzung der erforderlichen Maßnahmekategorien für die einzelnen Elemente oder nicht ausreichende Beachtung der im ersten Informationskomplex der Methode genannten Kosteneinflüsse;
- mangelhafte Bauüberwachung.

Im Rahmen der verfeinerten Überarbeitung der Kosteninformation sollten die Aufwandskennziffern, insbesondere die Stunden- und Materialwerte, falls erforderlich, ergänzt, geändert, verfeinert oder gelöscht werden.

Zur Überarbeitung der Kosteninformation zählt auch eine Dokumentation aller neu hinzugekommenen Informationen, die für die wichtige Anpassung des Kalkulationsmittellohns in Tabelle 1 und der Materialkosten in Tabelle 2 erforderlich waren, um bei künftigen Modernisierungen darauf aufbauen zu können.

Die aufgrund der Dokumentation vorgenommene Analyse gibt dem Planer nun die Möglichkeit, seine während des Planungsprozesses entwickelte Einschätzung der Auswirkung verschiedener Einflußgrößen auf die Modernisierungskosten zu überprüfen. Er kann so Erfahrungen für das Erkennen und Bewerten solcher Einflußgrößen erwerben, die deren künftige Berücksichtigung im Zusammenhang mit den Aufwandskennziffern erleichtern.

Ganz wesentlich ist es schließlich, alle die Überlegungen, Rationalisierungsmaßnahmen, Berechnungen und Wirtschaftlichkeitsuntersuchungen zu fixieren, die insbesondere im Frühstadium des Planungsprozesses für die Frage „Abriß oder Modernisierung" und danach für die Entscheidung des Bauherrn und des Planers über die endgültige Ausarbeitung des Entwurfs im Hinblick auf Finanzierbarkeit und Wirtschaftlichkeit des Modernisierungsprojekts im Sinne einer Kosten/Nutzen-Analyse, maßgebend waren [5].

4 Anwendung der Aufwandskennziffern durch bauausführende Betriebe

Die bauausführenden Betriebe werden in diesem Buch nicht als Totalunternehmer angesehen (Abschnitt 2.2), die ein prozeßbegleitendes Kosteninformationssystem im Planungs- und Bauprozeß benutzen, sondern nur als eine Anzahl mit der Bauausführung beschäftigter Betriebe.

Alle diese Betriebe können die Aufwandskennziffern bei der Preisermittlung, Bauvorbereitung und Baudurchführung verwenden (Abb. 17).

4.1 Preisermittlung

Die Preisermittlung durch die bauausführenden Betriebe erfolgt im Zeitraum zwischen der dem Planer obliegenden „Vorbereitung der Vergabe" und dessen „Mitwirkung bei der Vergabe.

Der Vorgang der Preisermittlung wird unter Verwendung der Aufwandskennziffern in den wesentlichen Stationen des Flußdiagramms erläutert (Abb. 18).

Nach Erhalt der Verdingungsunterlagen werden diese zunächst vom Betrieb analysiert. Die aus der Praxis entwickelten Muster-Verdingungsunterlagen [4, Anlageband II] des entsprechenden Gewerks können zum Vergleich herangezogen werden.

Auf wichtige Einflußgrößen wie Zahlungs- und Abrechnungsmodalitäten, Gewährleistungsfrist, Gleitklauseln etc., ist zu achten und zu prüfen, ob sie von den sonst üblichen oder den Muster-Vertragsbedingungen abweichen. Falls Abweichungen festgestellt werden, sind die sich daraus ergebenden Einflüsse bei der Preisermittlung je nach Konjunkturlage und unternehmerischen Vorstellungen zu berücksichtigen.

Der Vergleich des vorliegenden Leistungsverzeichnisses mit dem Muster-Leistungsverzeichnis hilft, eventuelle Lücken im Leistungsverzeichnis zu erkennen. Der Bieter sollte bei erkennbaren Lücken des Verzeichnisses auftretende Zweifel korrekterweise vor Abgabe des Angebots klären vgl. [83, Teil A, § 4]. Ein lückenhaftes Leistungsverzeichnis bietet allerdings dem Auftragnehmer die Möglichkeit, Nachträge mit „kostendeckenden" Preisen zu stellen, wovon er in der Praxis gern Gebrauch macht. Das Ergebnis der Analyse der Verdingungsunterlagen hat großen Einfluß auf die Entschei-

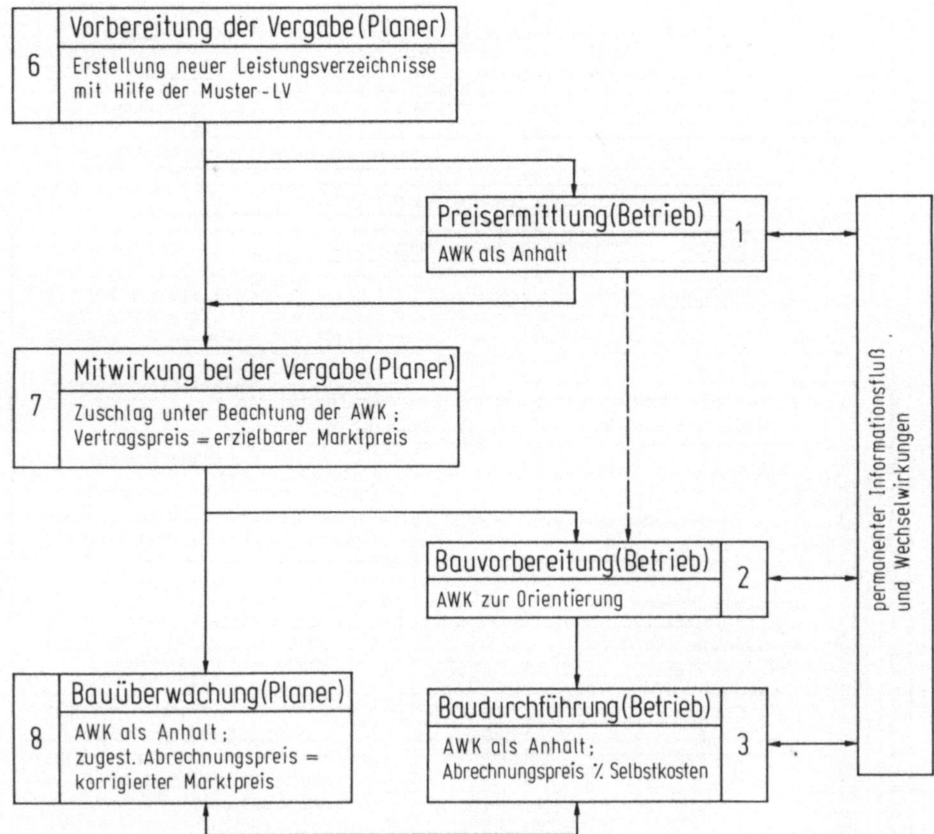

Abb. 17. Anwendung der Aufwandskennziffern durch die Betriebe, Informationsfluß und Wechselwirkungen mit dem Planer

dung, ob eine Vorkalkulation vorgenommen und ein Angebot abgegeben werden soll.

Zieht der Betrieb eine *Vorkalkulation* in Erwägung, so sollte zunächst eine Baustellenbegehung erfolgen, um zu einer ersten Einschätzung der Menge und Qualität der zu erbringenden Modernisierungsleistung zu gelangen. Die Analyse der Verdingungsunterlagen und die Baustellenbegehung haben nicht nur Bedeutung für die Vorkalkulation, sondern auch für den späteren Bauablauf.

Mangelhafte Pläne, unangemessene Mengenangaben, das Fehlen einiger Positionen oder die Auflistung zu vieler Positionen für eine Leistung führen zu unangemessenen Ansätzen z. B. bei den Stunden oder den Kalkulationsmittellöhnen.

Ein grober Ablaufplan ist für die Abschätzung des erforderlichen Personaleinsatzes, bzw. des Gesamtstundenaufwands, notwendig. Diese Abschätzung ist Voraussetzung für die Berechnung des Kalkulationsmittellohns. Es berei-

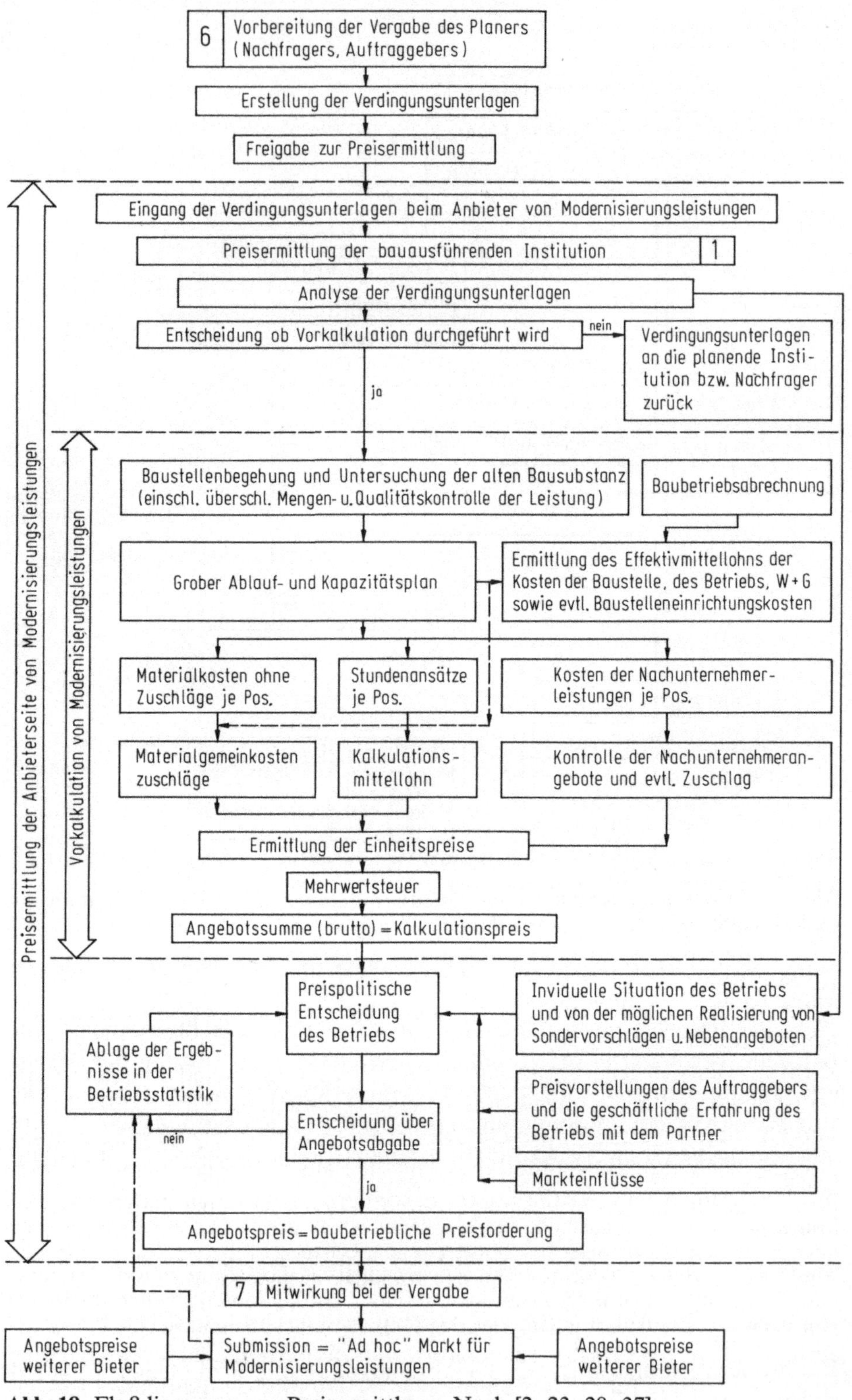

Abb. 18. Flußdiagramm zur Preisermittlung. Nach [2, 23, 28, 37]

tet sicherlich keine Schwierigkeiten, den Gesamtstundenaufwand *nach* erfolgter Kalkulation zu bestimmen. Um jedoch *vor* der eigentlichen Kalkulation überschlägig den Gesamtstundenaufwand für ein vorliegendes Leistungsverzeichnis zu ermitteln, können für die sogenannten kostenträchtigen Positionen die Stundenansätze aus eigener Erfahrung gewählt oder aus den Muster-Leistungsverzeichnissen entnommen und zusammengefaßt werden. Empfehlenswerter – weil schneller und einfacher – ist es aber, für die Gewerke mit großen Kostenanteilen an den Gesamtkosten unter Verwendung der Mengen des Leistungsverzeichnisses den Gesamtstundenaufwand anhand der AWK-Methode IIc überschlägig zu ermitteln.

Wenn der Aufbau des Leistungsverzeichnisses und seiner Positionen mit dem Muster-Leistungsverzeichnis vergleichbar ist, ist die Anwendung der Aufwandskennziffern mit ihren vier Grundelementen zweckmäßig. Damit wird eine schnellere und erheblich vereinfachte Kalkulation ermöglicht. Eine Kalkulation entsteht primär aus der Bewertung der Mengen der Teilleistungen und der dafür erforderlichen Zeiten. Erst nach deren Ermittlung ergibt sich die Angebotssumme und danach führen preispolitische Entscheidungen zum Angebotspreis.

Bei der Kalkulation entstehen die Materialkosten aus zwei Grundelementen, den „Materialkosten ohne Zuschlag" und dem „Materialgemeinkostenzuschlag".

In den aufgeführten Muster-Leistungsverzeichnissen sind *Materialkosten ohne Zuschlag* als „Kosten frei Baustelle" zu verstehen. Eine Anpassung der Kosten an erfolgte Materialpreissteigerungen kann gemäß Abschnitt 2.3.4 vorgenommen werden.

Der Materialgemeinkostenzuschlag stellt einen auf die einzelnen Gewerke bezogenen Orientierungswert dar, der sowohl bei der „Kalkulation mit vorberechnetem Zuschlag" als auch bei der jeweiligen Ermittlung der Einzelkostenzuschläge (Umlage) beim „Verfahren über die Angebotssumme" anwendbar ist.

Zwischen der Höhe des Materialgemeinkostenzuschlags und des Lohnkostenzuschlags im Kalkulationsmittellohn besteht ein Zusammenhang, weil beide Zuschläge zur Deckung der Gemeinkosten beitragen.

Beide Kostenarten der Teilleistungen, also Material- und Lohnkosten einer Position im Leistungsverzeichnis, beinhalten die Einzelkosten der Teilleistungen und die Gemeinkosten. Die Einzelkosten der Teilleistungen können einem Erzeugnis, also einer oder mehreren Teilleistungen, direkt zugerechnet werden. Zu den Einzelkosten der Teilleistung zählen:
- Die Löhne, die unmittelbar für die einzelnen Positionen anfallen;
- die Kosten der Geräte, soweit sie einer Position zugerechnet werden können;
- die Kosten der betreffenden Stoffe;
- die Kosten der Nachunternehmerleistungen.
Die Gemeinkosten können einem Erzeugnis, also einer oder mehrerer Teilleistungen, nicht direkt, sondern nur mit Hilfe eines Verteilungsschlüssels zugerechnet werden.

Gemeinkosten (Schlüsselkosten) sind Gemeinkosten der Baustellen, allgemeine Geschäfts- und Verwaltungskosten sowie Wagnis und Gewinn.

Die Einzelkosten der Teilleistungen können unterschiedlich als Zuschlagsbasis abgegrenzt werden. Es bestehen verschiedene Möglichkeiten, z. B.:
– Lohn (ohne Sozialkosten und Lohnnebenkosten) und Stoffe, oder
– Lohn (einschl. Sozialkosten und Lohnnebenkosten), Geräte, Stoffe und Nachunternehmerleistungen.

Je nach Wahl der Zuschlagsbasis (Einzelkosten) ergeben sich auch verschieden hohe Gemeinkostenbeträge.

Für die Wahl der Zuschlagssätze der Gemeinkosten bestehen verschiedene Möglichkeiten:
– Einheitlicher Zuschlagsfaktor für alle Kostenarten (z. B. Lohn u. Material);
– unterschiedliche Zuschlagssätze für alle Kostenarten (Basiskosten).

Somit führt eine unterschiedliche Abgrenzung zwischen Einzel- und Gemeinkosten und die obengenannte unterschiedliche Verteilung der Gemeinkosten auf die Basiskosten zu unterschiedlichen Angebotspreisen [26, S. 161 f.], [6, S. 107 f.], [4, S. 180 f.].

Bei der hier aufgezeigten Kalkulation soll von einer „Kalkulation mit vorausbestimmten Zuschlägen" – also von Zuschlägen für die Materialgemeinkosten und die Lohngemeinkosten im Kalkulationsmittellohn – ausgegangen werden. Dieses Verfahren ist in der Modernisierungspraxis üblich.

Modernisierungsleistungen sind nicht nur besonders lohnintensiv, sondern auch die Ermittlung der Lohnkosten, insbesondere der *Stundenansätze* ist für die bauausführenden Betriebe im Vergleich zum Neubau schwierig [48]. Vor allem den Betrieben, die in den Modernisierungssektor neu einsteigen wollen, fehlt noch die Erfahrung und das Einfühlungsvermögen für die speziellen Probleme der Modernisierungspraxis. In der Fachliteratur finden sich bisher keine Anhaltspunkte für die Kalkulation.

Den bauausführenden Betrieben werden daher praxisnahe Stundenansätze für Teilleistungen aller an der Modernisierung beteiligten Gewerke durch die Muster-Leistungsverzeichnisse als Vergleichswerte an die Hand gegeben. Bei Anwendung dieser Vergleichswerte sollte beachtet werden, daß die Stundenansätze

– jeweils einen Mittelwert von ca. fünf bis acht bauausführenden Berliner Betrieben mit Modernisierungserfahrung darstellen, der eine relative Standardabweichung von $S_R \leq 30\%$ aufweist;
– auch im Zusammenhang mit den Kalkulationsmittellöhnen zu sehen sind;
– den speziellen Verhältnissen der vorliegenden Verdingungsunterlagen anzupassen sind, falls die den Aufwandskennziffern zugrunde gelegten Bedingungen der Muster-Leistungsverzeichnisse nicht zutreffen.

Eine Anpassung der Stundenansätze an die speziellen Verhältnisse, also den Leistungsumfang der Positionen oder den Mengenansatz, soll hier nicht bedeuten, daß schon während der Kalkulationsphase eine Vermengung von Kalkulation und Preispolitik, z. B. durch Manipulation der Stundenansätze entsprechend der Marktlage und dem betrieblichen Interesse an dem betreffenden Auftrag, erfolgt. Eine solche Vermengung liefe den Zielsetzungen rationaler Preispolitik zuwider [50].

Zur Ermittlung der Lohnkosten muß bei der „Kalkulation mit vorausbestimmten Zuschlägen" neben dem Stundensatz auch der *Kalkulationsmittellohn* errechnet werden. Als Orientierungswert kann vom bauausführenden Betrieb ein mit Hilfe der Tabelle 1 aktualisierter Kalkulationsmittellohn gewählt werden (vgl. Abschnitt 2.3.4). Eine Anpassung gemäß Tabelle 1 muß zumindest beim Tariflohn und den lohngebundenen Kosten einschließlich der Lohnnebenkosten erfolgen. Kaum kostenbedingte Änderungen erfährt bei der Kalkulation dagegen der prozentuale Ansatz für
– die sogenannte „Zulage" auf den Tariflohn;
– die Kosten der Baustelle und des Betriebs;
– Wagnis und Gewinn;
falls von den preispolitischen Maßnahmen abgesehen wird.

Auch ein in der Modernisierung erfahrener Betrieb sollte die Grundelemente der Aufwandskennziffern, insbesondere die Stundenansätze, zur kritischen Durchleuchtung seiner bisherigen Kalkulationswerte von kostenträchtigen Teilleistungen heranziehen. Wichtig für eine eventuelle Korrektur der Stundenansätze des Betriebs ist das Vorhandensein einer firmenspezifischen Kalkulationsaufstellung, die bei vielen Betrieben nicht schriftlich fixierte Erfahrungswerte des Kalkulators sind. Der Betrieb sollte deshalb laufend systematisch die Leistungswerte abgewickelter Aufträge dokumentieren, um eine erfolgreiche und transparente Kalkulation zu erreichen. Bei der Aufstellung einer solchen Sammlung von Leistungswerten ist es zweckmäßig, zur Orientierung die Gliederung der auf die einzelnen Gewerke bezogenen Muster-Leistungsverzeichnisse und deren Positionsbeschreibungen heranzuziehen. Der Betrieb kann nun seine firmenspezifischen Stundenansätze mit den Ansätzen aus den Muster-Leistungsverzeichnissen vergleichen.

Die vier Grundelemente der Aufwandskennziffern können auch für die Prüfung der Angebote von Fremdleistungen zum Vergleich herangezogen werden.

Auch bauausführende Betriebe, die als Generalunternehmer auftreten, können die Muster-Leistungsverzeichnisse und die Aufwandskennziffern für ihre Ausschreibung und Prüfung der Angebotssummen zu Rate ziehen.
Wenn ein bauausführender Betrieb – insbesondere ein „Neuling" – als Fach- oder Generalunternehmer seine kalkulierte Angebotssumme überschlägig nachprüfen will, besteht folgende Möglichkeit. Mit Hilfe der AWK-Methode IIc kann er unter Berücksichtigung „kostenträchtiger" Positionen die voraussichtlichen Modernisierungskosten eines oder mehrer Gewerke – mit großen Kostenanteilen relativ einfach und schnell grob ermitteln. Falls zwischen der kalkulierten Angebotssumme und der Summe aus der AWK-Methode IIc, trotz ähnlicher Ausgangsbedingungen, Abweichungen auftreten, ist zu

untersuchen, ob diese auf Kalkulations- bzw. Rechenfehler oder auf betriebs-spezifische Einflüsse zurückzuführen sind.

Nachdem die Angebotssumme in der Vorkalkulation ermittelt ist, erfolgt die *preispolitische Entscheidung* des bauausführenden Betriebs (Abb. 18). Es ist notwendig, diese beiden wesensverschiedenen Vorgänge bei der Ermittlung der Höhe des Angebotspreises sorgfältig zu trennen. Mellerowicz sagt dazu: „Die Kalkulation muß wahr sein, es gibt keine Kostenpolitik in der Kalkula-tion. Die Politik fängt erst bei der Preisstellung (…) an" [22, S. 337]. Die Kalkulation muß wahr sein in dem Sinne, daß unter Beachtung der jeweiligen Verdingungsunterlagen Normalwerte des Betriebs verwandt werden [49]. Dies ist mit den Aufwandskennziffern als Durchschnittswerten mehrerer Betriebe weitgehend möglich.

Die preispolitische Entscheidung des Betriebs hängt u. a. ab von

– der individuellen Situation des bauausführenden Betriebs, also davon, wie er die eigene Beschäftigungslage, seine Liquidität, bestehende Rationalisie-rungsmöglichkeiten und die Risiken des Auftrags einschätzt;
– den Markteinflüssen, also vor allem von saisonalen, konjunkturellen und strukturellen Einflüssen und damit von der Angebotsbereitschaft der ver-mutlichen Konkurrenten;
– den Preisvorstellungen der Aufttraggeberseite und von speziellen Erfah-rungen mit diesem Geschäftspartner (Abb. 17).

Zur *individuellen* Situation zählt auch, ob der Betrieb durch Rationalisie-rungsvorschläge in der Lage ist, Lohnkosten auf der Baustelle zu sparen und dadurch seinen Angebotspreis zu senken. Mit Hilfe der Stundenansätze der Aufwandskennziffern können besonders lohnintensive Leistungen erkannt und dem Planer der Einsatz vorgefertigter Elemente vorgeschlagen werden. Der Betrieb kann so versuchen, dem Preiswettbewerb mehr oder weniger auszuweichen.

Die Einschätzung der *Markteinflüsse* fordert von der Unternehmensleitung die Fähigkeit zur Beurteilung, inwieweit der eigene Angebotspreis unter den gegenwärtigen Marktverhältnissen eine reelle Chance für die Zuschlagsertei-lung läßt. Ein Gefühl für Marktpreise muß auf Erfahrungen aus vorangegan-genen Submissionen beruhen. Aus der Lage des eigenen Angebots in Bezug auf die damaligen Mitbewerber und aus einer Einschätzung der Beschäfti-gungssituation und Angebotsbereitschaft der vermutlichen Konkurrenten bei dem anstehenden Modernisierungsprojekt, lassen sich Schlüsse auf die eigenen Chancen ziehen.

Auch die *Preisvorstellungen* der Auftraggeberseite, also des den Bauherrn vertretenden Planers für das Modernisierungsobjekt und die Teilpreise der einzelnen Gewerke lassen sich durch Einsetzen der Aufwandskennziffern in die Leistungsverzeichnisse nachvollziehen. Beeinflußt werden sie darüber hinaus sicher durch die Finanzierungsplanung des Bauherrn und die Durch-setzbarkeit künftiger Mieten auf dem Markt für Mietwohnungen (Abb. 14).

Ausschlaggebend für die preispolitische Entscheidung des Betriebs ist auch die Einschätzung des Verhaltens des Planers bzw. des Auftraggebers hinsichtlich der Sorgfalt und Intensität der Bauüberwachung, der Koordinierung einzelner Gewerke, der Prüfung der Abrechnung sowie der Einhaltung der Zahlungstermine.

Unter Berücksichtigung dieser drei preispolitischen Kriterienkomplexe entsteht nach der Festlegung der Preisunter- oder Preisobergrenze, auf der Kalkulation aufbauend, der Angebotspreis. Die preispolitische Entscheidung über die Preisuntergrenze wird – unter Berücksichtigung der betrieblichen Kostenrechnung – vor allem davon beeinflußt, inwieweit saisonale und konjunkturelle Einflüsse einen Ausgleich der Beschäftigungsschwankungen des Betriebs erforderlich machen, denn es wäre weder möglich noch unternehmenspolitisch sinnvoll, stets die Deckung aller Kosten pro Auftrag erreichen zu wollen.

Nach dem Grenzkostendenken kann ein Auftrag auch dann annehmbar sein, wenn er die Kosten nicht voll deckt. Häufig wird sogar die Meinung vertreten, daß bei anhaltender Unterbeschäftigung die Hereinnahme eines Auftrags so lange gerade noch vertretbar sei, wie er zumindest die durch ihn entstehenden variablen Kosten deckt. Jedoch führen auch die Löhne des Stammpersonals sowie deren lohngebundene Kosten bzw. gewisse Gerätekostenbestandteile, die als fixe Kosten anzusehen sind, innerhalb einer Periode zu Ausgaben und müssen gedeckt werden, damit keine Liquiditätsprobleme entstehen [56]. Das Liquiditätsrisiko ist das klassische Risiko für das Bauunternehmen [33].

Die Preisuntergrenze muß demnach so angesetzt werden, daß zumindest keine Liquiditätsengpässe innerhalb des Betrachtungszeitraums auftreten. Der Betrieb kann also in außergewöhnlichen Situationen bei der Festlegung des Angebotspreises nur auf die Deckung solcher Kostenbestandteile verzichten,
- die innerhalb des Betrachtungszeitraums keine Ausgaben hervorrufen, oder
- die – falls Ausgaben entstehen (z. B. Finanzierung von Investitionen durch Fremdkapital) – nicht aus dem Erlös der betrieblichen Leistungserstellung zu decken sind [56, S. 165 f.].

Der Betrieb wird bemüht sein, während einer guten Beschäftigungssituation mit einem neuen Angebotspreis einen Ausgleich für frühere nicht kostendeckende Aufträge zu erzielen, indem er eine Preisobergrenze anstrebt, d. h. einen Angebotspreis abgibt, bei dem er noch mit einem Zuschlag rechnen kann. Die Preisobergrenze ist im allgemeinen keine Zahl, die sich aus der betrieblichen Kostenrechnung ablesen läßt. Sie ist vielmehr ein Marktwert, der sich aus dem Abtasten des Marktes, der Situation des Betriebs und den Preisvorstellungen des Auftraggebers bzw. des Planers ergibt.

Nachdem die preispolitische Entscheidung des Betriebs mit der Fixierung der Höhe des Angebotspreises, also der baubetrieblichen Preisforderung

(Abb. 18), gefällt ist, findet der eigentliche Marktvorgang in Form des Submissionsverfahrens statt (Abschnitt 3.7).

Die Preisbildung von Modernisierungsleistungen ist eigentlich erst mit dem Abrechnungspreis beendet, den der Bauherr als Auftraggeber letztlich tatsächlich zahlt (Istkosten, Abb. 1).

4.2 Bauvorbereitung

Die aus Auftragsverhandlungen resultierenden Änderungen werden in die Angebotskalkulation übernommen, und es ergibt sich die Auftragskalkulation (Abb 19).

Nach Erhalt des Bauauftrags beginnt der bauausführende Betrieb vor der eigentlichen Baudurchführung mit einem Planungsprozeß, der, zur Unterscheidung von der Aktivität des Planers, als Bauvorbereitung bezeichnet wird. Hierunter sind alle Tätigkeiten des Betriebs zu verstehen, die dazu dienen, daß die für den Herstellungsprozeß notwendigen Produktionsfaktoren wie personelle Kräfte (Arbeit), sachliche Ausstattung an Maschinen und Geräten (Betriebsmittel), Verbrauchs- und Gebrauchsstoffe (Baustoffe), in ausreichender Menge und Güte zum richtigen Zeitpunkt am günstigsten Platz sind, um eine optimale Baurealisierung zu erzielen [28, S. 221].
Die Anwendung der Aufwandskennziffern bei der Bauvorbereitung erstreckt sich auf
– die Arbeitskalkulation;
– das Arbeitsverzeichnis;
– die Ablaufplanung;
– die Bereitstellungsplanung;
– die Vorgabewertermittlung.
Normalerweise stellen sich als Folge fortschreitender Überlegungen während der Bauvorbereitung oder Arbeitsvorbereitung bei den Kosten *Abweichungen* gegenüber denen der Auftragskalkulation heraus [7].
Sie beruhen zunächst auf zunehmender Kenntnis der Baustellenverhältnisse und damit zusammenhängenden Korrekturen der Massenermittlung, Ergebnissen der Verhandlungen mit Nachunternehmern und Materiallieferanten, können aber auch Folge eines unzureichenden Studiums der Verdingungs- und Planungsunterlagen sein.
Sich ergebende Änderungen werden mit Hilfe der Aufwandskennziffern in der Arbeitskalkulation erfaßt (Abb. 19).

Erst die in der *Arbeitskalkulation* ermittelten Kosten stellen eine Kostenvorgabe (Soll-Kosten) für die Baudurchführung und die Bezugsgröße für den Soll/Ist-Vergleich innerhalb des Betriebs dar.
Zu Beginn der Arbeitskalkulation wird eine Baustellenbegehung und eine verbindliche Überprüfung und Bearbeitung der Verdingungs- und Planungsunterlagen vorgenommen. Dazu werden die Muster-Verdingungsunterlagen

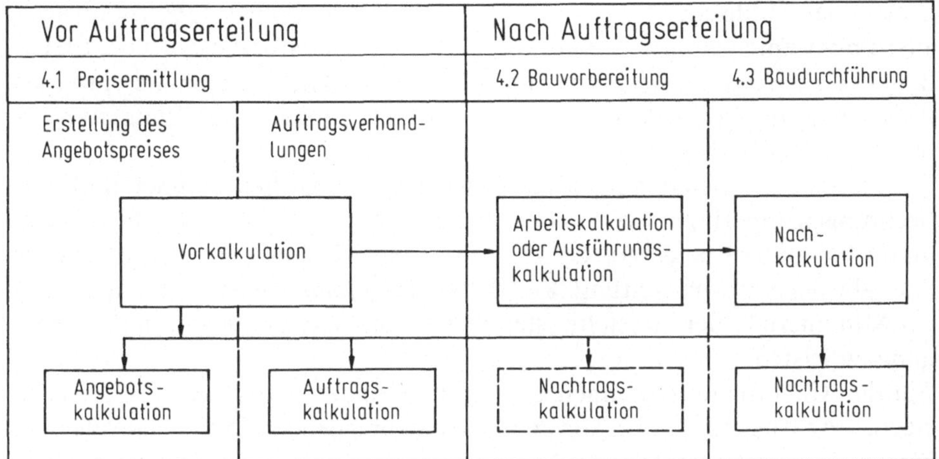

Abb. 19. Kalkulation vor oder nach Auftragserteilung

zur Orientierung herangezogen. Zweck dieses Arbeitsschritts ist es, kurz vor Baubeginn

- fehlende oder unvollständige Positionen bzw. mögliche Rationalisierungsmaßnahmen zu erkennen, um dem Planer frühzeitig Nachträge, Alternativpositionen oder Sondervorschläge zu unterbreiten;
- Sammelpositionen der Ausschreibung weiter aufzuteilen;
- die Kalkulationsansätze und die dem Angebot zugrunde gelegten Nachunternehmerpreise in den Leistungsverzeichnissen im Hinblick auf Kalkulationsfehler oder Angemessenheit zu überprüfen;
- die Einheitspreise gegebenenfalls weiter in die Grundelemente Stundenansatz und Materialkosten (ohne Zuschlag), den Kalkulationsmittellohn und den Materialgemeinkostenzuschlag aufzuteilen und falls notwendig, einzelnen Gewerken zuzuordnen.

Im Rahmen dieser Untersuchung ist auch eine genaue Ermittlung der Massen des anstehenden Modernisierungsprojekts vorzunehmen, weil die Massenangaben des Planers im allgemeinen überhöht und daher nicht verbindlich sind. Zutreffende Massenangaben in der Arbeitskalkulation sind eine wesentliche Grundlage für die Erfüllung der Aufgaben der Arbeitsvorbereitung.

Ein weiterer Arbeitsschritt betrifft die Entscheidung, ob Leistungen aus dem eigenen Betrieb oder von einem Nachunternehmer in Anspruch genommen werden, um Arbeitskräfte, Geräte oder Baustoffe zum richtigen Zeitpunkt bereitzustellen. Es empfiehlt sich, spätestens zu diesem Zeitpunkt ein Leistungsverzeichnis für die Nachunternehmerleistungen aufzustellen. Bei der Beurteilung der Preise dieser Nachunternehmerleistungen und bei den Vergabeverhandlungen können neben den Positionspreisen der Auftragskalkulation auch die aus den Aufwandskennziffern ermittelten Kosten zur Orientierung sowie zur Argumentation herangezogen werden.

Eine in der Modernisierungspraxis wegen des sehr großen Arbeitsaufwands allerdings wenig befolgte Aufgabe der Arbeitsvorbereitung betrifft die Erstellung eines *Arbeitsverzeichnisses*. Es enthält in logischer Folge die einzelnen Arbeitsvorgänge jeder Position mit Angaben der Mengen, der Stundenvorgaben je Einheit und der Gesamtstunden.

Die Planung des Bauablaufs mit allen wichtigen Zwischenterminen und Verflechtungen innerhalb wie außerhalb des Betriebs und die Terminabstimmung für andere beteiligte Gewerke mit dem Architekten ist die zentrale Aufgabe der Bauvorbereitung. Ziel dieser *Ablaufplanung* ist es, einen Beitrag zur Minimierung der Herstellkosten durch optimale Organisation der Fertigung zu leisten.

Für die Ablaufplanung können sowohl die Stundenansätze aus der betriebseigenen Arbeitskalkulation, als auch die entsprechenden Stundenansätze der Muster-Leistungsverzeichnisse herangezogen werden, wobei letztere als Vergleichsgrößen anzusehen sind. Zur Ermittlung der Einsatzdauer seines Gewerks an einem Modernisierungsprojekt muß der Betrieb zunächst aus den Stundenansätzen der Leittätigkeiten nur die terminbestimmenden Anteile herausziehen und addieren. Dabei können die Stundenansätze noch um Randstunden (z. B. im Bauhauptgewerbe ca. 25 %) und den Akkordüberschuß, der von der jeweiligen Kolonne abhängt, reduziert werden. Die Optimierung der Einsatzdauer hängt dann von der verfügbaren und sinnvoll einsetzbaren Kapazität an Arbeitern und Betriebsmitteln (Geräten) sowie von der Materialbereitstellung ab.

Die Bauablaufplanung gewinnt zunehmend an Bedeutung, weil bei der Vergabe häufig neben einem Festpreis auch Festtermine gefordert werden. Auf dem Bauablaufplan baut die *Bereitstellungsplanung* auf. Sie zeigt Zeiträume, Größen und Mengen der für die Bauausführung benötigten Kapazität an, die sich auf die Bereitstellung der Arbeitskräfte, (Arbeitskräfte-Bedarfsplan), der Betriebsmittel und der Baustoffe beziehen.

Ein Bereitstellungsplan für die in der Altbaumodernisierung zu verwendenden Baustoffe ist wegen des geringen Materialbedarfs einer Baustelle meist nicht erforderlich. Es genügt, entsprechende Vereinbarungen mit den Lieferanten zu treffen. Bei speziellen Baustoffen, wie bei alten Fußbodendielen mit heute nicht mehr üblichen Abmessungen, sollten diese Vereinbarungen frühzeitig getroffen werden, um Terminverzögerungen bzw. Kostenerhöhungen zu vermeiden.

Auch für die Betriebsmittel ist wegen der Verwendung überwiegend kleineren Geräts und einer geringen Baustellenausstattung meist kein Bereitstellungsplan erforderlich.

Dagegen ist es sinnvoll, einen Arbeitskräfte-Bedarfsplan, also ein Arbeiterstanddiagramm, aus dem Bauablaufplan zu erstellen. Bereitstellungsplan und Bauablaufplan gehören zusammen und werden meist auf einer Zeichnung dargestellt.

Eine gute Ablaufplanung bei der Arbeitsvorbereitung ist auch Voraussetzung für die *Vorgabewertermittlung* bei Leistungslohn. Gerade eine leistungsgerechte Entlohnung besitzt für die lohnintensiven Modernisierungsarbeiten erhebliche Bedeutung, weil ein Leistungslohn

- zur Motivierung der Akkordmaurer oder Akkordmaler beiträgt, um in der Altbaumodernisierung mit einem dem Neubau angenäherten Verdienst zu arbeiten;
- auch den einzelnen Arbeiter zum Voraus- und Mitdenken und zum überlegten Verhalten veranlaßt;
- zu einer erheblichen Erhöhung der Arbeitsproduktivität führt, hohe Rationalisierungsreserven erschließt, die Kapazitäten des Betriebs besser nutzt und dadurch die Kosten für den Betrieb gesenkt werden;
- die Bauzeit im allgemeinen verkürzt;
- eine Verbindung zwischen den Kalkulationsansätzen und dem tatsächlichen Zeitaufwand für die Modernisierungsleistung auf der Baustelle schafft.

Grundsätzlich sind zwei Arten des Leistungslohns zu unterscheiden:
- Der Akkordlohn, bei dem die Lohnkurve proportional zur Mengenleistung verläuft und
- der Prämienlohn, bei dem von einer garantierten Zeitlohnbasis und einer Prämie ausgegangen wird. Letztere ist nach verschiedenen, durch die Mitarbeiter beeinflußbaren Bezugsgrößen ausgerichtet.

Da der Leistungsanreiz für den Arbeitnehmer beim Prämienlohn – abgesehen von der Mengenprämie – im Vergleich zum Akkordlohn gering ist, wird im allgemeinen der Akkordlohn gewählt. Voraussetzung hierfür ist, daß die Arbeitsvorbereitung des in der Altbaumodernisierung tätigen Betriebs eine „akkordfähige" und vor allem „akkordreife" Arbeit ermöglicht.

„Akkordfähig" ist eine Arbeit, wenn
- die Leistung durch den Arbeiter beeinflußt werden kann;
- die Ausführungsart, der Umfang und beeinflussende Faktoren bei der Durchführung der Arbeit bekannt sind;
- die Arbeitsmenge und Arbeitszeit wirtschaftlich erfaßbar sind;
- ein Vorgabewert gebildet werden kann.
Die „Akkordreife" bezieht sich auf die Durchführung der Arbeit. Der Arbeitsablauf muß möglichst von allen Mängeln und Einflüssen, die den reibungslosen Ablauf behindern, befreit, also entstört sein [1].

Da bisher kaum Publikationen hierüber verfügbar sind, bereitet die Ermittlung von Vorgabewerten für im Akkord durchgeführte Modernisierungsarbeiten besonders den Betrieben Schwierigkeiten, die über wenig Erfahrung auf dem Modernisierungssektor verfügen.

Vorgabewerte können zwischen dem Betrieb und den Arbeitnehmern aufgrund methodisch ermittelter oder in freier Vereinbarung erzielter Werte festgelegt werden. Um aufgrund freier Vereinbarungen Vorgabewerte zu bestimmen, bietet sich auch hier die Heranziehung der Stundenansätze der Aufwandskennziffern neben den betriebseigenen Kalkulationswerten an. Dabei bilden diese empirisch gewonnenen Stundenansätze der Aufwandskennziffern aufgrund ihres Durchschnittscharakters eine gute Ausgangsbasis. Will man diese Stundenansätze berücksichtigen, so muß von ähnlichen Leistungspositionen ausgegangen werden. Wenn dies nicht der Fall ist, müssen die Stundenansätze der Positionen entweder um bestimmte Arbeitsaufwendungen reduziert oder erweitert werden.

Weiterhin müssen bei der Vorgabewertermittlung u. U. besondere Zu- und Abschläge für Einflußgrößen berücksichtigt werden, wie für
– besondere Bedingungen der Arbeit, der Baustelle bzw. des Betriebs;
– Besonderheiten in der Zusammensetzung der Baustellenbelegschaft;
– den Auftragsumfang der Kolonne.
Beim Aufstellen der Vorgabewerte ist anzustreben, für alle auszuführenden Arbeiten Vorgaben vorzusehen.

4.3 Baudurchführung

Zu Beginn der Phase „Baudurchführung" wird die Baustelle eingerichtet. Der Preis für die *Baustelleneinrichtung* wird aufgrund des relativ geringen Umfangs bei der Altbaumodernisierung im Vergleich zu Neubauprojekten selten in einer besonderen Position des Leistungsverzeichnisses erfaßt, sondern lediglich mit einem prozentualen Zuschlag beim Kalkulationsmittellohn in der Angebotskalkulation berücksichtigt. Zur Abschätzung der Höhe dieses für jedes Gewerk spezifischen Zuschlags kann zur Orientierung der beim Bauhauptgewerbe übliche Zuschlag von ca.6 bis 8 % herangezogen werden. Beim Bauhauptgewerbe hat die Baustelleneinrichtung einen besonders hohen Anteil.

In der Phase der *Baudurchführung* können vom Betrieb, um die Angemessenheit des tatsächlichen Stundenaufwands für erbrachte Leistungen zu beurteilen, neben den Stundenansätzen der Kalkulation auch die Stundenansätze der Aufwandskennziffern herangezogen werden. Hierzu sollte der Polier in Zusammenarbeit mit dem Bauleiter über den Verbrauch an Arbeitsstunden für die durchgeführten Modernisierungsleistungen Tages- oder Wochenberichte anfertigen, wobei er sich an den Positionen des vorliegenden Leistungsverzeichnisses orientiert.

Ergeben sich Nachtragsarbeiten, so kommt der Betrieb gegenüber dem Auftraggeber in eine schwache Position wenn er, entgegen dem Wortlaut der VOB, Nachtragsangebote erst nach oder bei Erstellung der Nachtragsleistung einreicht. Hinsichtlich der Nachtragsangebote ist er auf die gutwillige Zustimmung des Bauherrn angewiesen, da nach erbrachter Leistung jeder Einigungsdruck fehlt. Die Aufwandskennziffern können dann neben den Kalkulationsgrundlagen seines Angebots hilfreich sein, um für Nachtragsangebote angemessene Preise einvernehmlich zwischen Auftragnehmer und Auftraggeber festzulegen.

Wenn sich die oben erwähnten Berichte über Verbrauch auf die Arbeitsstunden beziehen, wäre es also zweckmäßig, sich an vergleichbaren Positionen der Muster-Leistungsverzeichnisse mit deren Aufteilung in die vier Grundelemente der Aufwandskennziffern zu orientieren.

Auch können Kalkulationskennwerte wie die Aufwandskennziffern als Argumentationshilfe herangezogen werden, wenn es gilt, den Anteil für Lohnkosten bei der Modernisierung festzulegen, falls in Ausnahmefällen die Lohngleitklausel bei Modernisierungsvorhaben verwendet wird.

Eine wichtige Aufgabe des Betriebs bei der Baudurchführung ist die *Nachkalkulation*. Die Nachkalkulation ermittelt nachträglich die Kosten einer teilweise oder voll erbrachten Leistung. Sie wird unterteilt in
– eine mengenmäßige Kontrolle, also die technische Nachkalkulation und
– eine Kostenkontrolle, also die kaufmännische Nachkalkulation.

Die Technische Nachkalkulation umfaßt
– eine fertigungsbegleitende Kontrolle, um bei Abweichungen von dem geplanten Ablauf frühzeitig Maßnahmen zur Vermeidung terminlicher und wirtschaftlicher Nachteile zu ergreifen, indem z. B. die Zahl der Arbeitskräfte oder die Betriebsmittel den unerwarteten Bedingungen angepaßt, oder auch auf die Leistungsbedingungen Einfluß genommen wird;
– eine Kontrolle, der in der Vorkalkulation verwendeten Mengenansätze, z. B. der festgelegten Stundenansätze, um verläßliche Werte für zukünftige Vorkalkulationen zu gewinnen;
– die Ermittlung weiterer Kennwerte, um z. B. über die Stundenansätze der Aufwandskennziffern hinaus für einige weitere Positionen oder Arbeitsvorgänge Kenngrößen für Arbeitszeitverbrauch, Maschinenleistung oder Materialbedarf zu gewinnen, mit denen eine Leistungsbeurteilung möglich ist und die der innerbetrieblichen Disposition zugrunde gelegt werden können [26, 6].

Die kaufmännische Nachkalkulation bezieht sich primär auf Kostenansätze für die drei Produktionsfaktoren Arbeit, Betriebsmittel und Material. Sie bezieht sich auf eine Kontrolle der wichtigsten Kostenarten wie Personalkosten, kalkulatorische Kosten und Materialkosten. Dabei wird vor allem ein Vergleich zwischen dem in der Vorkalkulation verwendeten Kalkulationsmittellohn und dem tatsächlich entstehenden Mittellohn vorgenommen.

5 Die Bedeutung kalkulatorischer Kennwerte in der Altbaumodernisierung für gesamtwirtschaftliche Überlegungen

5.1 Gesamtwirtschaftliche Bedeutung der Altbaumodernisierung im Rahmen der Bauwirtschaft

Die Bauwirtschaft (vgl. Glossar) ist einer der zentralen Wirtschaftszweige innerhalb einer Volkswirtschaft. Sie umfaßt das Baugewerbe mit Bauhauptgewerbe und Baunebengewerbe, also Ausbau- und Bauhilfsgewerbe.

Der Anteil des Baugewerbes an der Bruttowertschöpfung (vgl. Glossar) der Volkswirtschaft belief sich 1979 real auf ca. 7 % und nimmt damit im Vergleich zu anderen Wirtschaftszweigen eine Spitzenposition ein. Von den gesamten volkswirtschaftlichen Anlageinvestitionen entfielen im Jahre 1979 etwa 60 % auf Bauinvestitionen [64].

Das gesamte Bauvolumen betrug 1982 nach Berechnungen des Deutschen Instituts für Wirtschaftsforschung (DIW) 251,2 Mrd. DM [40]. Praktisch die Hälfte des Bauvolumens fiel 1982 auf Wohnbauten. Und hiervon wiederum stellt die wachsende Sparte der Altbaumodernisierung den stattlichen Anteil von ca. 30 % dar.

Die Bauwirtschaft ist intensiv mit anderen Wirtschaftszweigen verflochten. Etwa 50 % ihrer Gesamtleistung wird als Vorleistung von anderen Wirtschaftszweigen – z. B. von der Industrie der Steine und Erden oder dem Stahlsektor – bezogen. Jeweils zwei Beschäftigte in der Bauwirtschaft sichern einen weiteren Arbeitsplatz in vorgelagerten Bereichen der Wirtschaft [38]. Bezieht man andere von der Bauwirtschaft beeinflußte Wirtschaftszweige wie Maschinenbau, Bankwesen oder indirekt beeinflußte – wie Möbel- oder Textilindustrie – mit ein, wird der Multiplikator von Bauinvestitionen noch weit größer [60].

Aus der wirtschaftlichen Schlüsselfunktion leitet sich das Interesse der Wirtschaftspolitik für die Bauwirtschaft und damit auch für den Modernisierungssektor ab.

Im folgenden soll von der Bauwirtschaft nur allein der Modernisierungssektor betrachtet werden. Besonders in großen Städten und Ballungsgebieten wird er einen schnell wachsenden Anteil am Wohnungsbauvolumen einnehmen. Ein prägnantes Beispiel für das vorhandene Modernisierungspotential stellt Berlin-West dar, wo 56 % der Wohnungen Altbauten sind, von denen allein 200 000 Wohnungen dringend saniert werden müssen. Selbst wenn nach dem ersten und zweiten Stadterneuerungsprogramm bis zum Jahre 2000 die Modernisierung von 110 000 Wohnungen vorgenommen würde, wird sich im Jahre 2000 trotzdem die Zahl der sanierungsbedürftigen Altbauwohnungen, die älter als 75 Jahre sind, auf 340 000 erhöht haben [31]. Daran ist zu erkennen, daß der Verfall in Berlin schneller voranschreitet als die Modernisierung.

Das Modernisierungspotential könnte sich noch weiter erhöhen, wenn man an die ausbaufähigen Dachböden denkt, was zuvor aber noch baupolitischer Entscheidungen bedarf, um eine Genehmigung für den Ausbau zu erhalten.

In Anbetracht der Bedeutung des Modernisierungspotentials für die Wohnungspolitik haben staatliche Institutionen Maßnahmen zur Förderung der Altbaumodernisierung ergriffen, um das Problem der Sanierung von Altbauten zu lösen. Solche Maßnahmen sind z. B. das Modernisierungs- und Energieeinsparungsgesetz, die Richtlinien über die Förderung der Modernisierung und Instandsetzung von Wohngebäuden in Berlin oder das Programm für Zukunftsinvestitionen (ZIP); das letzere soll besonders Anstrengungen zur Modernisierung der öffentlichen Infrastruktur und der alten Gebäude sowie zur Verbesserung der Umweltbedingungen fördern. Nicht zuletzt zielen aber diese Maßnahmen auf eine Verbesserung der Beschäftigungssituation im Modernisierungssektor und damit in der Bauwirtschaft. Solche Programme bringen darüber hinaus als Nebeneffekt erhebliche zusätzliche Aufträge und damit Beschäftigungsimpulse auch für die *übrige* Wirtschaft mit sich [38].
Wenn die Wirtschaftspolitik die Schlüsselfunktion der Bauwirtschaft, insbesondere für die Konjunkturpolitik (vgl. Glossar), nutzen will, um die im „Gesetz zur Förderung der Stabilität und des Wachstums der Wirtschaft" (StWG) [79] aufgeführten Ziele (vgl. Glossar) weiter zu verfolgen, wird sie der Altbaumodernisierung im Rahmen der Bauwirtschaft besondere Beachtung schenken müssen.

5.2 Kalkulatorische Kennwerte im Hinblick auf gesamtwirtschaftliche Überlegungen

Vor dem Hintergrund einer anhaltenden Arbeitslosigkeit erscheinen neben Neubau- besonders Modernisierungsleistungen wegen ihrer hohen Arbeitsintensität und einer ganzjährigen Beschäftigungsmöglichkeit dazu geeignet, neue Arbeitsplätze zu schaffen und alte zu sichern.
Auch dies ist ein Grund, die Altbaumodernisierung im Rahmen konjunktur- und wachstumspolitischer Maßnahmen zu fördern. An dieser Stelle sei auch auf die immer wieder zu hörende Forderung der Bauwirtschaft nach einer konjunkturellen und saisonalen Verstetigung der Nachfrage nach Bauleistungen, insbesondere durch flexiblere Haushaltspolitik, hingewiesen.

Für staatliche Institutionen im Wirtschafts-, Arbeits- und Finanzsektor, für die der Modernisierungssektor der Bauwirtschaft aus übergeordneten politischen Gesichtspunkten von Bedeutung ist, sind an der Erfahrung orientierte Kennzahlen oder Richtwerte kaum entbehrlich. In der Praxis erhärtete, stets aktualisierbare Kennzahlen können in Verbindung mit statistischen Daten geeignet sein, Auswirkungen z. B. konjunkturpolitischer Maßnahmen zu erkennen und einem beschäftigungs- und baupolitisch optimalen Einsatz von Mitteln näher zu kommen.

In diesem Zusammenhang können sich bei staatlichen Institutionen vor allem auf kommunaler und Landesebene, Fragestellungen ergeben, wie:

- Welchen Beschäftigungseffekt hat ein bestimmtes Investitionsvolumen, das in den Modernisierungssektor einfließt, auf die in diesem Sektor beschäftigten Gewerke?
- Um wieviel Wohnungen oder m^2 Wohnfläche könnte die Altbaumodernisierung jährlich gesteigert werden, wenn der jeweils unausgelastete Teil der vorhandenen Gewerkekapazitäten zum Einsatz käme (um damit einen hohen Beschäftigungsstand zu erreichen)?
- Um wieviel Wohnungen oder m^2 Wohnfläche müßte aufgrund des *vorhandenen* Modernisierungspotentials jährlich die Modernisierung von Altbauten gesteigert werden und welcher zusätzliche Bedarf an Investitionsmitteln und an Gewerkekapazität wäre dafür erforderlich (um z. B. die Verwahrlosung der Bausubstanz einer Region oder einer Stadt zu bekämpfen)?

Einen Versuch, Kennzahlen oder Richtwerte zusammenzustellen, die für die Beantwortung dieser oder ähnlicher Fragen hilfreich wären, stellt Tabelle 6 dar.

Hier sind für die durchgreifende Modernisierung eines Altbaus durchschnittliche Kennzahlen angegeben, die sich auf eine ca. 81 m^2 große Wohnung beziehen (mit Werten aus dem Jahre 1978)

- Spalte 1 führt die an einer Modernisierung beteiligten Gewerke auf;
- Spalte 2 gibt die anteiligen Modernisierungskosten der Gewerke pro Wohnung (WE) und deren Summe an;
- Spalte 3 zeigt den prozentualen Anteil der Gewerke an den Gesamt-Modernisierungskosten;
- Spalte 4 verdeutlicht den prozentualen Lohnanteil je Gewerk und den gesamten Lohnanteil an den Modernisierungskosten;
- Spalte 5 stellt den prozentualen Materialanteil je Gewerk und den gesamten Materialanteil an den Modernisierungskosten dar;
- Spalte 6 liefert den auf die Gewerke bezogenen Stundenbedarf und den Gesamtstundenbedarf je Wohnung;
- Spalte 7 enthält den prozentualen Stundenanteil der Gewerke an den Gesamtstunden;

Tabelle 6. Gewerbebezogene Modernisierungskennzhlen (1978)

Gewerke	Modernisie-rungskosten (je WE)	Anteil an Gesamt-Mod.-Kosten	Lohnanteil an Mod.-Kosten (je WE)	Material-anteil an Mod.-Kosten je Gewerk (je WE)	Stunden pro WE = 81,21 m² WFL	Stunden-anteil an Gesamt-Std. (Summe)	Umsatz je Std.
	(DM)	(%)	(%)	(%)	(Std.)	(%)	(DM)
1 Bauhauptgew.	34 425,02	37,64	77,35	22,65	778,44	42,86	44,22
2 Holzschutz	765,61	0,84	81,27	18,73	19,01	1,05	39,80
3 Dachdecker	1 847,09	2,02	61,72	38,28	33,75	1,86	54,73
4 Klempner	1 292,45	1,41	69,70	30,30	25,55	1,41	50,68
5 Putz und Stuck	4 911,50	5,37	92,60	7,40	109,75	6,04	44,75
6 Fliesen	688,09	0,75	66,30	33,70	19,49	1,07	35,30
7 Tischler	8 943,22	9,78	58,39	41,61	150,60	8,29	59,38
8 Drechsler	1 392,15	1,52	73,25	26,75	29,41	1,62	47,34
9 Metall	1 069,95	1,17	28,43	71,57	8,94	0,49	119,68
10 Glaser	825,04	0,90	38,15	61,85	9,69	0,53	85,14
11 Anstrich	12 145,95	13,28	72,68	27,32	291,18	16,03	41,71
12 Estrich und Bodenbelag	2 183,66	2,39	46,87	53,13	34,37	1,89	63,53
13 Lüftung	736,49	0,81	22,27	77,73	4,41	0,24	167,00
14 Heizung	9 972,60	10,90	39,89	60,11	129,11	7,11	77,24
15 Be- und Ent-wässerung	6 248,86	6,83	53,09	46,91	109,63	6,04	57,00
16 Elektro	4 013,55	3,39	52,80	47,20	62,94	3,47	63,77
17 Entfeuchtung	–	–	–	–	–	–	–
Summe:	91 452,23	100 %	$\bar{x} = 66\%$	$\bar{x} = 34\%$	$1\,816,27\,\dfrac{\text{Std.}}{\text{WE}}$	100 %	$\bar{x} = 50,19$

– Spalte 8 weist den auf die Gewerke bezogenen Umsatz (Material- und
  Lohnkosten) je Arbeitsstunde und deren Mittelwert aus (vgl. Kalkulationsmittellöhne Tabelle 7 – Formblatt 2 S. 21 –).

Diese Kennzahlen sind Mittelwerte, die sich aus den Ermittlungen mit der AWK-
Methode II c und mit abgerechneten Gewerkekosten von 4 durchgreifend moderni-
sierten Altbauten ergaben. Der Bauzustand vor der Modernisierung war überwiegend
der Kategorie C zuzuordnen. Bei der Berechnung mit Hilfe der Aufwandskennziffern
wurden die Ist-Mengen der Gewerke-Schlußrechnungen zugrunde gelegt (durchgreifende Modernisierung $\leq$ 70 % vgl. NBK).

Durch die in Abschnitt 2.3.4 beschriebene Aktualisierung der Aufwandskennziffern können die in Tabelle 6 genannten Kennzahlen jeweils den aktuellen Verhältnissen auf dem Markt für Modernisierungsleistungen angepaßt
werden. Die hier geschilderte Vorstellung, solche Richtwerte für konjunktur-
und baupolitische Steuerungsfunktionen einsetzen zu können, geht von der
Voraussetzung aus, daß die dafür zuständigen Instanzen über diese Kennzahlen hinaus zutreffende, einschlägige und aktuelle statistische Daten zur Verfügung haben.
Ein weiterer gesamtwirtschaftlich nützlicher Effekt könnte darin bestehen,
daß Aufwandskennziffern, wenn sie sowohl von Auftraggebern als auch von
Auftragnehmern zur Orientierung herangezogen werden, einen Beitrag zur
Stabilisierung des Preisniveaus von Modernisierungsleistungen liefern, indem
sie einerseits ruinöse, andererseits unangemessen hohe Preise zu erkennen
erlauben und dadurch eine Dämpfung der Schwankungsbreite bewirken.

Offenbar ist das Problem ruinöser Preise nicht neu: Bereits im 17. Jahrhundert wandte
sich der französische Festungsbaumeister und Volkswirtschaftler Sebastian Vauban
(1. 5. 1633 bis 30. 3. 1707) mit den besorgten Worten an seinen Minister: „Diese vielge-
rühmten Preisnachlässe und billigsten Angebote, Herr Minister, bieten nur scheinbare
Vorteile, denn niemand kann mehr geben als er hat. Sorgen sie dafür, Herr Minister,
daß diese Dinge aufhören. Stellen Sie Treu und Glauben wieder her und ermöglichen
Sie dem ordentlichen Unternehmer ein angemessenes Entgelt für seine Leistung.
Geben Sie den Preis, den eine gute Arbeit fordert. Das ist noch immer das billigste
Verfahren gewesen, und es hat stets viel Kummer gespart." [67, S. 1033].

Die Auftraggeber – seien es öffentliche oder private – sowie politisch zustän-
dige Institutionen müssen sich der mittel- und langfristigen Nachteile einer
Vergabe zu ruinös niedrigen Preisen stärker bewußt werden. Solche Nachteile
können darin bestehen, daß schwächere Anbieter mittelfristig vom Moderni-
sierungsmarkt verdrängt werden, so daß die Zahl der Anbieter sinkt und
Betriebe in einzelnen Gewerken eine marktbeherrschende Stellung erringen.
Die in so vielen Gewerken erfolgende zahlenmäßige Dezimierung führt bei
wachsendem Auftragsumfang dazu, daß die übriggebliebenen Betriebe zum
Teil wesentlich überhöhte Preise fordern. Gründe für überhöhte Preise der
Betriebe liegen u. a. darin, daß sie versuchen, ihre Verluste aus den Bauauf-
trägen zu ruinös niedrigen Preisen durch überhöhte Gewinne wieder wettzu-
machen.

Dies kann letztlich das Preisniveau für Modernisierungsleistungen viel stärker beeinflussen, als wenn von vornherein eine Vergabe von Modernisierungsaufträgen zu angemessenen Preisen vorgenommen würde. Die generelle Zahlung angemessener Preise hätte theoretisch zwar *zunächst* eine steigernde Wirkung auf das Preisniveau für Modernisierungsleistungen und damit auch auf das gesamtwirtschaftliche Preisniveau einer Region, jedoch ergeben sich aus Vergaben zu ruinösen Preisen sicherlich größere negative Folgen.

Zum Erkennen des ruinösen Charakters niedriger Preise können Erfahrungswerte aus der Kalkulation dienen, wie sie in den Aufwandskennziffern vorliegen. Deshalb sollten nicht nur der Planer und die Betriebe, sondern auch staatliche Institutionen, wie die für die Preisbildung und Preisüberwachung zuständigen Behörden wie das Preisamt oder die VOB-Stellen, solche Erfahrungswerte zur Orientierung heranziehen, wenn Preise für Modernisierungsleistungen bei mit öffentlichen Mitteln finanzierten Aufträgen geprüft werden [86].

Das Erkennen eines unangemessen hohen Preises und die Vermeidung der Vergabe von Aufträgen zu solchen Preisen ist im allgemeinen das vorherrschende Ziel der vergebenden Instanzen, um so einen dämpfenden Einfluß auf die Preise auszuüben und einen Beitrag zur Stabilisierung des Preisniveaus zu leisten. Nicht nur Planer und Betriebe, sondern auch staatliche Instanzen wie Preisamt oder Kartellamt können solche aus der Erfahrung stammenden Kennwerte zu Rate ziehen. Für das Kartellamt können diese Zahlen nützlich sein, wenn sie nach § 38 Abs. 4 der GWB-Novelle die Höhe der Mehrerlöse bei Modernisierungsleistungen, z. B. bei Verdacht auf Preisabsprachen, feststellen wollen [74].

In der Wirtschaft führt ein funktionierender Wettbewerb zu ständigem Rationalisierungsstreben insbesondere hinsichtlich der Betriebs- und Produktionsstruktur. Preisabsprachen sind dagegen der Versuch, sich diesem volkswirtschaftlich notwendigen Rationalisierungszwang zu entziehen.

Auch Preiserhöhungen als Folge eines konjunkturellen Aufschwungs können wesentlich überhöht aber auch angemessen sein. Bei der Ermittlung des Angemessenheitsbereichs eines in den Angebotspreisen enthaltenen Konjunkturzuschlags können die Kalkulationsmittellöhne – als Bestandteil der Aufwandskennziffern – durch Berücksichtigung von Kosteneinflußfaktoren der Konjunkturlage in angemessenem Rahmen angepaßt werden, so daß wesentlich überhöhte Angebotspreise erkennbar werden.

Von gesamtwirtschaftlicher Bedeutung bei durchgreifenden Modernisierungen ist auch die Einhaltung einer Rentabilitätsgrenze oder eines regional festgelegten Schwellenwerts der Modernisierungskosten. Wesentliche Überschreitungen dieser Grenzen könnten – wenn sie zur Regel werden – das Wirtschaftswachstum negativ beeinflussen.

Unkontrolliertes Überschießen festgestellter Ist-Kosten über berechnete Soll-Kosten von Modernisierungsprojekten hinaus, führt kurzfristig zum Zwang, zusätzliche Fremdmittel zur Nachfinanzierung aufzunehmen und kann, wenn es sich nicht um Einzelfälle handelt, unter bestimmten Konstellationen Steigerungsimpulse auf den Kapitalmarktzins zur Folge haben. Steigender Kapitalzins senkt die Rentabilität und wirkt sich im allgemeinen dämpfend auf das Investitionsklima und damit auf das Wirtschaftswachstum aus.

Generell führt die wesentliche Überschreitung vorgegebener Rentabilitätsgrenzen oder fixierter Schwellenwerte zur Verschwendung von Investitions- und Finanzierungsmitteln des Bauherrn oder der öffentlichen Hand. So wird u. U. in Vorhaben investiert, die sich aufgrund der Ist-Kosten später als völlig unrentabel erweisen. Andere Projekte können nur eingeschränkt oder gar nicht mehr durchgeführt werden, weil vorhandene Mittel begrenzt sind. Die Gefahr von Finanzierungsengpässen ist häufig die Folge.

Schwellenwerte der Art wie die in Berlin bei einer Finanzierung im sozialen Wohnungsbau gültige Kostengrenze von 70 % der vergleichbaren Neubaukosten verlieren zunehmend ihren Wert als allein maßgebliches Kriterium für die Entscheidung Abriß oder Modernisierung, wenn bei steigendem Verhältnis von Lohn- zu Materialkosten die arbeitsintensivere Altbaumodernisierung zunehmend teurer wird.

Eine im sozialen Wohnungsbau finanzierte Altbaumodernisierung würde bei Beibehaltung dieses Kriteriums auf längere Sicht nicht mehr durchführbar sein und zur Vernichtung wertvoller Altbausubstanz in Stadtkernen mit all ihren sozialen und städtebaulichen Folgen beitragen.

Ein solches Kriterium sollte sehr bald durch einen Schwellenwert ergänzt werden, der den Arbeitsstundenaufwand für eine Modernisierung einbezieht. Ein in Arbeitsstunden pro m^2 Wohnfläche definierter Schwellen- oder Grenzwert wäre – weil weitgehend unabhängig von Konjunkturlage und jeweiligem Lohnniveau – eine Meßgröße, die besser geeignet wäre, zwischen modernisierungswürdigen und nicht modernisierungswürdigen Altbauten zu unterscheiden [4]. Selbstverständlich dürfen die Materialkosten als Kriterium für die Entscheidung Abriß oder Modernisierung bei der Gesamtbeurteilung nicht vernachlässigt werden.

Da mit steigenden Löhnen die Modernisierungskosten eine Rentabilitätsgrenze überschreiten oder über die Neubaukosten hinaus ansteigen können, wären politische Entscheidungen erforderlich, um durch geeignete steuer- oder finanzpolitische Maßnahmen die Altbaumodernisierung zu fördern und Investitionsanreize zu geben.

Zur Findung eines am Arbeitsaufwand orientierten Kriteriums unter Beachtung einer angemessenen Bandbreite wären die Stundenansätze der Aufwandskennziffern ein geeignetes Hilfmittel. Ein solches Kriterium könnte sowohl zur Verstetigung der Baunachfrage als auch zu dem immer wichtiger werdenden Problem der Beschäftigung einen positiven Beitrag leisten.

6 Zusammenfassung

Während in den ersten drei Jahrzehneten nach dem Zweiten Weltkrieg in unserem Lande eine „Wegwerfmentalität" die Wirtschaftsphilosophie prägte, setzte sich in den letzten Jahren zunehmend die Erkenntnis durch, daß Rohstoff- und Energiequellen begrenzt sind und daß Erhaltenswertes zu erhalten sei.

Die Erhaltung und Modernisierung alter Bausubstanz ist nichtsdestoweniger Gesetzen der Wirtschaftlichkeit unterworfen und erfordert einen sorgfältig geplanten Einsatz der hierfür verfügbaren Mittel, um die Modernisierungskosten in einer ökonomisch sinnvollen Relation zu den vergleichbaren Neubaukosten zu halten. In Anbetracht der schnell steigenden Lohn- und Materialkosten fordert dies vom Planer eine zutreffende Vorhersage der Kosten für die Modernisierung, also einen festen Kostenrahmen, der am Ende des Bauprozesses von den Ist-Kosten im wesentlichen nicht überschritten werden darf.

In der vorliegenden Arbeit wird ein *neuartiges*, den Planungs- und Bauprozeß *begleitendes Kostenermittlungsverfahren* entwickelt, das auf den Grundelementen der Kosten aufbaut, wie sie von im Modernisierungssektor erfahrenen Betrieben aller Gewerke zur Kalkulation verwendet werden. Die aus umfangreichen Erhebungen ermittelten Grundelemente der Kosten – Aufwandskennziffern – bestehen aus den Stundenansätzen und Materialkosten je Position sowie den gewerkebezogenen Kalkulationsmittellöhnen und Materialgemeinkostenzuschlägen. Diese leicht aktualisierbaren Kenngrößen werden zu Aufwandskennziffern verschieden hoch aggregierter Bauelemente integriert, wie sie zur Kostenschätzung und -berechnung benötigt werden.

Zur Anwendung der Aufwandskennziffern bei der Kostenschätzung (Methode I) und -berechnung (Methode II) stehen jeweils drei verschiedene Anwendungsformen zur Verfügung, die auf unterschiedliche Aufgabenstellungen zu Beginn des Planungsprozesses ausgerichtet sind.

Die AWK-Methoden I a und II a liefern schnell die berechneten Modernisierungskosten des als Einheit angesehenen Gesamtbauwerks. Die AWK-Methoden I b und II b teilen die Kosten in einen wohnungs- und einen gebäudespezifischen Anteil auf und erlauben dadurch eine arbeitssparende Bewertung von Planungsalternativen.

In den AWK-Methoden I c und II c werden die Kosten auf die einzelnen Gewerke aufgeteilt und erleichtern dadurch die Angebotsbewertung. Damit

wird der bisher bestehende „Bruch" zwischen der elementbezogenen Gliederung der Kostenberechnung und der gewerkebezogenen Gliederung des Kostenanschlags überbrückt.

Die Stundenansätze der Aufwandskennziffern ermöglichen es, den zeitlichen
Bauablauf zu planen und mittels eines prozeßbezogenen Kostenübersichts-
plans den Zusammenhang zwischen Modernisierungskosten und Bauablauf
zu veranschaulichen.

Die vorgeschlagenen Muster-Leistungsverzeichnisse für die einzelnen Gewerke erleichtern dem Architekten die Aufstellung von Leistungsverzeichnissen und erlauben in der Phase der Vergabe die Anwendung der Aufwandskennziffern zur Beurteilung der Angemessenheit von Angebotspreisen, ein
seit langem in der Bauwirtschaft diskutiertes Problem.

Die Anwendung eines solchen umfassenden und damit aufwendigeren Kosteninformationssystems hat für den *Planer* auch betriebsökonomische Konsequenzen. Ein solches zwar effektiveres, aber auch anspruchvolleres Verfahren erhöht den Arbeitsaufwand für den Planungsbetrieb, wird jedoch – wenn
konsequent betrieben – durch den zusätzlichen Ertrag zumindest ausgegli-
chen. Eine Verstetigung und Verbesserung seiner Erträge ergeben sich für den
Planer durch

- eine besser abgesicherte Bemessungsbasis seiner Honorarermittlung für die
  vier ersten Leistungsphasen, da zu niedrige Kostenschätzungen oder
  -berechnungen Honorareinbußen zur Folge haben;
- die Honorierung „Besonderer Leistungen", die mit Hilfe der Aufwandskennziffern effektiver erbracht werden können.

Ein nicht unerheblicher Vorteil ist auch in dem Prestigegewinn zu sehen, den
der Planer erzielt, wenn ihm der Ruf fundierter, zuverlässiger Kosten- und
Terminprognosen vorausgeht.

Die Aufrechterhaltung der Trennung von Planung und Bauausführung ist
für den Planer, der seine berufliche Eigenständigkeit gegenüber dem Totalunternehmer bewahren will, von existentieller Bedeutung. Um über Voraussetzungen zur Kostenermittlung zu verfügen, die mit denen eines Totalunternehmers vergleichbar sind, wird die Anwendung eines prozeßbegleitenden
Kosteninformationssystems für den Planer zur Notwendigkeit.

Auch für *bauausführende Betriebe*, die als Fach- oder Generalunternehmer
tätig sind, insbesondere für solche, die in den Modernisierungssektor neu
einsteigen oder weitere Arbeitsgebiete in ihr Angebot aufnehmen wollen, sind
diese Kalkulationskennwerte von Nutzen. Positionsbezogene Aufwandskennziffern liefern allen an Modernisierungsvorhaben beteiligten Gewerken
bei der Preisermittlung gute Orientierungswerte für die Einschätzung der zu
erbringenden Leistung. Im Gegensatz zum Neubausektor finden sich für den
Modernisierungssektor in der Fachliteratur bisher keine Veröffentlichungen
über Kalkulationswerte.

Aufwandskennziffern dieser Art können vom Betrieb häufig als Argumentationshilfe bei Preisverhandlungen mit dem Auftraggeber verwendet werden. Bei der Arbeitsvorbereitung, der Einführung des Leistungslohns, bei Nachtragsangeboten und vielen anderen Vorgängen erweisen sie sich ebenfalls als nützliche Informationswerte.

Darüber hinaus können für *Institutionen*, für die der Modernisierungssektor der Bauwirtschaft aus übergeordneten politischen Gesichtspunkten von Bedeutung ist, solche in der Praxis erhärtete, stets aktualisierbare Kennzahlen in Verbindung mit statistischen Daten geeignet sein, Auswirkungen, z.B. konjunkturpolitischer Maßnahmen, zu erkennen und einem beschäftigungs- und baupolitisch optimalen Einsatz von Mitteln näher zu kommen.

In einer Zeit zunehmenden Zwangs, verfügbare Mittel bestmöglich zu nutzen, werden leicht anwendbare Kenngrößen, die eine zuverlässige Prüfung wirtschaftlichen Handelns erleichtern, auch für die öffentliche Hand und deren politische Entscheidungen eine wachsende Bedeutung erlangen.

7 Anhang

7.1 Muster-Leistungsverzeichnisse

Gliederung der Muster-Leistungsverzeichnisse [4, Anlageband I]

Anlageband I: Basis-Aufwandskennziffern für Modernisierungsleistungen in Muster-Leistungsverzeichnissen – Kalkulationskennwerte –

<table>
<tr><td></td><td></td><td></td><td>Seiten der
Diss.</td></tr>
</table>

1.2.14	Heizungsarbeiten DIN 18 380		228
1.2.15	Be- und Entwässerungsarbeiten DIN 18 306, 18 307, 18 381, 18 421		248
1.2.16	Elektroarbeiten (incl. Blitzschutz und Antenne) DIN 18 382 und 18 383		267
1.2.17	Abdichtung gegen nichtdrückendes Wasser DIN 18 337		291

7.1.1 Bauhauptgewerbe

7.1.1.1 Feingliederung eines Muster-Leistungsverzeichnisses

[4, Anlageband I, S. 16]

	Pos. der Diss.	Seiten der Diss.
1.2.1 Bauhauptgewerbe		
Titel I: Erdarbeiten (DIN 18 300)		
Vorbemerkungen		18
I – 1 Bodenaushub	1, 2	18
I – 2 Hinterfüllung, Boden einbringen und verdichten	3, 4	18
I – 3 Platten aufnehmen und einbauen	5	19
I – 4 Bodenabfuhr	6	19
Titel II: Abbrucharbeiten		
Vorbemerkungen		19
II – 1 Gründung	1, 2	20
II – 2 Wand	3 – 13	20
II – 3 Fassade	14, 15	21
II – 4 Fenster und Türen	16 – 29	21
II – 5 Decke	30 – 54	23
II – 6 Treppe	55 – 59	25
II – 7 Dach	60 – 63	26
II – 8 Installationen	64 – 73	26
II – 9 Küche, Bad/WC	74 – 80	27
Titel III: Mauerarbeiten (DIN 18 330)		
Vorbemerkungen		28
III – 1 Mauerarbeiten – Wand	1 – 39	29
III – 2 Fassade	40 – 41	33
III – 3 Fenster und Türen	42 – 52	34
III – 4 Decke	53 – 59	35
III – 5 Treppe	60 – 63	36
III – 6 Installationen	64 – 65 d	36
III – 7 Küche, Bad/WC	66 – 71	37

7.1.1.2 Positionen des Titels III: Mauerarbeiten DIN 18330
[4, Anlageband I, S. 28]

Maurer

Pos.	Anzahl	Gegenstand	Mat.-Kosten o. Zuschlag	Stunden- aufwand
			DM	Std.
		1. MAURERARBEITEN - WAND **1.1 ROHWAND**		
1	13	m³ Mauerwerk in allen Wandstärken und in allen Geschossen aus Kalksandlochstein KSL 12/II (alt: KSL 150/II) herstellen. Auch in kleinen Flächen. Einschl. Herstellen der seitlichen Verzahnungen, usw. Mat.-kost.: 96,90 Std.-ansatz:9,30	...	...
2	1	m³ Mauerwerk wie vor, jedoch aus KSV 20/II (alt:KSV 250/II). Mat.-kost.: 130,40 Std.-ansatz: 9,70	...	...
3	1	m³ Mauerwerk wie vor, jedoch aus KSV 28/II (alt: KSV 350/II) Mat.-kost.: 184,30 Std.-ansatz: 9,70	...	...
4	2,5	m³ Mauerwerk der Pos. 1 in MG III herstellen als Zulage zu Pos. 1. Mat.-kost.: 4,50 Std.-ansatz: 0,50	...	...
5	300	kg Träger von PB 160 - I PB 200 liefern und nach Statik einbauen. Mat.-kost.: 1,40 Std.-ansatz: 0,05	...	...
6	350	kg Träger von I 80 - I 180 liefern und nach Statik einbauen. Mat.-kost.: 1,40 Std.-ansatz: 0,05	...	...
7	40	lfdm. Träger der vorgenannten Positionen ausdrücken und mittels Drahtgewebe umspannen. Mat.-kost.: 1,90 Std.-ansatz: 0,40	...	...
8	1	Stck. neue Zimmertüröffnung, ca. 1,05/2,30 m, in 25 cm dickem Mauerwerk herstellen, nur anlegen bzw. begradigen und anputzen aber ohne Träger. Mat.-kost.: 7,00 Std.-ansatz: 7,30	...	...
9	2	Stck. wie vor, jedoch 0,95/2,06 m in 38 cm Wand. Mat.-kost.: 8,00 Std.-ansatz: 9,60	...	...
10	1	Stck. wie vor, jedoch 0,95/2,06 m in 51 cm Wand. Mat.-kost.: 10,00 Std.-ansatz:11,60	...	...
11	2	m³ vorhandenes Rollenmauerwerk der Brandgiebel, lockere Ziegel entfernen und durch Mauerziegel der Güte KMz 28 (alt: KHz 350) in MG III ersetzen und gesamtes Rollenmauerwerk neu verfugen. Mat.-kost.: 171,50 Std.-ansatz: 16,40	...	...

Pos.	Anzahl	Gegenstand	Mat.-Kosten o. Zuschlag	Stunden-aufwand
			DM	Std.
		1.2 LEICHTE TRENNWAND		
12	5	m^2 5 cm dicke fugenlose Koksschlacken- oder gleichwertige Anwurfwände, putzrauh, in allen Wohngeschossen herstellen. Die Materialien müssen frei von Säuren und Alkalien sein und dürfen im Putz keine Ausblühungen verursachen. Der Auftragnehmer übernimmt hierfür und für eine einwandfreie Ausführung die volle Garantie. In dem Einheitspreis ist das Aussparen von Schlitzen für die Kalt- bzw. Warmwasser-Verteilungsleitungen, falls erforderlich, auch für die elektrischen Leitungen, nach Angabe der Bauleitung, mit einzurechnen. Aufmaß: Türöffnungen werden abgezogen, der Einbau der Stahltürzargen wird gesondert vergütet. Mat.-kost.: 8,90 Std.-ansatz: 1,00	...	...
13	5	m^2 Ergänzung alter Anwurfwände und ähnlicher Wände, einschl. Angleichungen an die bleibenden Decken und Wände, einschl. Kanten und Ecken, auch in kleinen Mengen herstellen. Mat.-kost.: 11,30 Std.-ansatz: 1,50	...	...
14	10	m^2 Ergänzung alter Bimsplattenwände, ca. 5,0 cm dick, sonst wie Pos. 12 Mat.-kost.: 9,40 Std.-ansatz: 1,10	...	...
15	4	Stck. bauseits gelieferte U-Zargen fachgerecht in Wände der Pos. 16, 17 und 18 einsetzen, einschl. aller Nebenarbeiten. Mat.-kost.: 5,80 Std.-ansatz: 1,40	...	...
16	100	m^2 Rigipsmontagewände - 9 DB, F 30, ca. 3,20 m bis 3,70 hoch, Wanddicke 100 mm, bestehend aus verzinktem Metallständerwerk mit beidseitiger Beplankung aus 12,5 mm dicken Rigipsplanken, herstellen. Einlegen einer Lage 40 mm dicken Mineralfasermatte mit dicken Stößen und Anschlüssen auf der Rohwand ausreichend befestigen. Ebenfalls sind in diesem Preis der Mehraufwand für Wandkreuzungen, -abzweigungen und Auswechslungen enthalten. Der Aufbau der Wand soll wie folgt beschrieben, hergestellt werden: Schwelle und Rähm aus U-Profilen 50/75 mm sowie Wandanschlußständer aus C-Profilen 50/75/50 mm über Anschlußdichtung = 5 mm dick und 75 mm breit lot- und fluchtrecht an Fußboden, Decke und den flankierenden Wänden befestigen. C-Profilständer 50/75/50 mm im Abstand von max. 62,5 cm lotrecht in Schwelle und Rähm aufstellen. Auf der Unterkonstruktion eine Lage 12,5 mm dicke Rigips-Bauplatten mit Rigips-Schnellbauschrauben befestigen. Schraubenköpfe, Platten-		

Pos.	Anzahl	Gegenstand	Mat.-Kosten o. Zuschlag	Stunden- aufwand
			DM	Std.
		fugen und Anschlußfugen an Decke bzw. seitliche Wände in mehreren Arbeitsgängen mit Rigips-Fugenfüller "Super"/"M" daneben verspachteln, einschl. Bewehrung der Fugen mit Rigips-Bewehrungsstreifen und ausdrucken der Anschlußfugen an den Fußboden mit rigips-Fugenfüller "Super". Abschleifen der Verspachtelung bis zur malerfertigen Wandfläche. Bei vorspringenden Wandekken sind Rigips-Eckschutzschienen oder Alux-Kantenschutz einzuspachteln. Ebenfalls sind Öffnungen für Schalter, Steckdosen, Abzweigdosen herzustellen. Mat.-kost.: 25,00　　　Std.-ansatz: 1,20	...	...
17	90	m² Rigipswand, wie in Pos. 16 beschrieben, jedoch doppelschalig als Wohnungstrennwand herstellen. Doppelte Beplankung der F 90 Rigipsplatten. Mat.-kost.: 37,20　　　Std.-ansatz: 1,60	...	...
18	50	m² freistehende Rigips-Vorsatzschale aus verzinkten Stahlblechprofilen als Ständerwerk wie in Pos. 16 beschrieben, jedoch nur mit einseitiger Beplankung aus 12,5 mm dicken Rigips-Bauplatten herstellen, für die Verkleidung der dünnen Flurwand zwischen 2 Wohnungsfluren. Mat.-kost.: 18,60　　　Std.-ansatz: 1,00	...	...
19	80	m² imprägnierte Rigips-Bauplatten für den Ausbau von Bädern und Küchen als Zulage zu Pos.16. Mat.-kost.: 3,60　　　Std.-ansatz: -	...	...
20	40	m ALU –L–Winkel als Klebekante, ca. 150 x 12/2 mm unten am Ständerwerk der Rigipswände im Bereich der Naßräume befestigen. Fabrikat Hermal Profil 110 oder ähnliches. Mat.-kost.: 3,00　　　Std.-ansatz: 0,25	...	...
21	11	Stck. Türöffnungen in den Pos. 16, 17, 18 der o.g. Rigipsmontagewände herstellen, einschl. aller Nebenarbeiten als Zulage zu Pos. 15, Türöffnungen 0,76 - 1,25 m breit und bis zu 2,25 m hoch. Mat.-kost.: 6,40　　　Std.-ansatz: 0,65	...	...
22	40	m² Rigipswände F 90 wie in Pos. 16, 17, 18 herstellen, jedoch nur einseitig doppelt beplankt, für die Verkleidung der Installationsschächte, Steigestränge und Abluftkanäle, einschl. Herstellen von Öffnungen und aller Nebenarbeiten. Mat.-kost.: 24,50　　　Std.-ansatz: 1,30	...	...
23	50	m² leichte Trennwand, DIN 4103, als Plattenwand, aus Gips-Wandplatten, DIN　18163, Wanddicke 8 cm, herstellen. Ausführung NF mit Nut und Feder-Platten, beidseitig glatt, Verlegung in MG IV, Fugen beidseitig gespachtelt. Mat.-kost.: 19,20　　　Std.-ansatz: 1,10	...	...

Maurer

Pos.	Anzahl	Gegenstand	Mat.-Kosten o. Zuschlag	Stunden- aufwand
			DM	Std.
24	4	Stck. Türdurchbrüche in allen Geschossen, ca. 1,00/2,22 m groß, in 7 cm dicken Wänden herstellen, einschl. Lieferung der erforderlichen Überlagbohlen bzw. Sturzträger, sowie Befestigungsdübel für Holztüren. Mat.-kost.: 17,20 Std.-ansatz: 2,70	...	...
25	10	Stck. Türdurchbrüche wie vor, jedoch ca. 0,76/ 2,01 m groß und 12 cm Wand. Mat.-kost.: 34,90 Std.-ansatz: 4,20	...	...
26	4	Stck. wie vor, jedoch 1,00/2,22 m groß und 12 cm Wand. Mat.-kost.: 36,20 Std.-ansatz: 4,50	...	...
27	1	Stck. neue Zimmertüröffnung, ca. 0,885/2,01 m in 8 cm dicken Wänden herstellen. Mat.-kost.: 13,70 Std.-ansatz: 3,60	...	...
28	4	Stck. alte Türöffnungen in Bohlenwänden, Rabitzwänden u.ä. mit Holzzargen aus Dachlatten und Beplankung mit Rigipsplatten schließen, dazwischen 40 mm Mineralfasermatten, angleichen an vorhandene Wände einschl. aller Nebenarbeiten. Mat.-kost.: 43,80 Std.-ansatz: 3,90	...	...
		1.3 WANDBEKLEIDUNG INNEN		
29	90	m Aluminium-Unterputz-Eckputzschienen verschiedener Längen, für alle Geschosse, liefern, fachgerecht einsetzen und verputzen. Mat.-kost.: 1,50 Std.-ansatz: 0,25	...	...
30	5	m² Klimlith-Dämmplatten, 3,5 cm dick, in ganzer Fläche mit Kalkzementmörtel an das Mauerwerk der Brüstungen (d≤24 cm) nach Zeichnung und Angabe kleben und annageln. Die Fugen, Kanten usw. mit verzinktem Drahtgewebe überspannen. Mat.-kost.: 7,20 Std.-ansatz: 0,55	...	...
31	28	m² Klimalith-Dämmplatten wie vor, jedoch 5 cm dick. Mat.-Kost.: 8,60 Std.-ansatz: 0,55	...	...
		1.4 SCHORNSTEIN UND KELLERLICHTSCHACHT		
32	12	Stck. alte Schornsteinreinigungstüren ausbauen, neue aus Beton liefern und einbauen. Mat.-kost.: 18,70 Std.-ansatz: 1,40	...	...
33	1	Stck. alte Schornsteinreinigungstüren, Ofenanschlußstutzen, usw. ausbauen, die Öffnungen fachgerecht vermauern, verfugen bzw. Fugenglattstrich. Mat.-kost.: 2,30 Std.-ansatz: 0,95	...	...

Pos.	Anzahl	Gegenstand	Mat.-Kosten o. Zuschlag	Stunden- aufwand
			DM	Std.

TITEL IX:

Grundlegende Angaben zur Preisermittlung

Material:

1	m³ Putzmörtel (o. Zuschlagstoffe) abgekippt; 1 – 2,5 m³ (DM/m³) (Einkaufspreis o.M.-Zuschlag)	58,30	
1000	Stck. KSL 12/2DF mit Triebwagenzuschlag; Einkaufspreis (DM/1000 Stck.)	282,00	
1	m² Gipskartonplatte, DIN 18 180, 12,5 mm Standardausführung, ab 50 m² Einkaufspreis (DM/m²)	4,90	
1	m³ Holz (Schnittholz) Güteklasse II Einkaufspreis (DM/m³)	402,00	
	Materialgemeinkosten-Zuschlag (%)	20,4%	

Lohn:

Kalkulationsmittellohn mit allen Zuschlägen

Gesamttariflohn	:	$10,20 \frac{DM}{Std.}$
Zulage : 36%	:	3,68 "
Effektivmittellohn	:	$13,88 \frac{DM}{Std.}$

Gemeinkostenzuschläge
. lohngebundene Kosten : 68%
. Baust.-Betriebseinzel-
  kosten, Lohnnebenkosten
  sowie W + G : 52%

Summe	:	120%	$16,66 \frac{DM}{Std}$

Kalkulationsmittellohn	:	$30,54 \frac{DM}{Std.}$

7.1.2 Anstrich- und Tapezierarbeiten
7.1.2.1 Feingliederung eines Muster-Leistungsverzeichnisses
[4, Anlageband I, S. 187]
Anstrich- und Tapezierarbeiten (DIN 18 363 und DIN 18 366)

7.1.2.2 Positionen des Teils A: Wohnungen

Anstr. u. Tap.

Pos.	Anzahl	Gegenstand	Mat.-Kosten o. Zuschlag	Stunden-aufwand
			DM	Std.
		Alle DIN-Bestimmungen sind gewissenhaft einzu-halten, insbesondere für unterschiedliche Untergründe. Alle in den Vorbemerkungen aufgeführten Maß-nahmen sind Nebenleistungen und sind in die Basis-Aufwandskennziffern (Einheitspreise) einzukalkulieren.		
		TEIL A: WOHNUNGEN		
		A 1: INNENANSTRICHE AUF PUTZ UND ANDEREN MINE-RALISCHEN UNTERGRÜNDEN		
		A 1.1 : Decken		
		A 1.1.1: Vorarbeiten		
1a	250	m^2 Deckenflächen teilweise mit Wasser- sowie kleinen Putzschäden und dergl. wie folgt be-handeln: Leim- bzw. wasserlösliche Dispersionsfarban-striche entfernen, geringfügige Untergrund-schäden ansatzfrei ausbessern. Mat.-kost.: 0,37 Std.-ansatz: 0,09	...	...
1b	100	m^2 Deckenflächen aus ungeeigneten Dispersions-farben bzw. Öl- und Lackfarbenanstrichen als Anstrichgrund mit Abbeizfluiden restlos ent-fernen, Abbeizmittelrückstände neutralisieren, Untergrundschäden ansatzfrei ausbessern. Mat.-kost.: 2,14 Std.-ansatz: 0,30	...	...
1c	200	m^2 Deckenfläche, tapeziert, die Tapeten ein-schl. Unterklebungen entfernen. Mat.-kost.: 0,18 Std.-ansatz: 0,11	...	...
1d	50	m^2 Deckenflächen mit Kunststofftapete, PVC oder Hartschaumbelägen einschl. Kleberückstände, entfernen und ausbessern der evtl. auftreten-den Putzschäden. Mat.-kost.: 0,49 Std.-ansatz: 0,17	...	...
1e	60	m^2 Deckenflächen mit Rauch- oder Wasserflecken mit Mehrfachfluat fluatieren und nachwaschen. Mat.-kost.: 0,39 Std.-ansatz: 0,08	...	...
		A 1.1.2 Grundanstrich		
1f	780	m^2 Deckenflächen mit Grundanstrichstoff - lö-sungsmittelhaltig - grundieren. Mat.-kost.: 0,62 Std.-ansatz: 0,06	...	...

Pos.	Anzahl	Gegenstand	Mat.-Kosten o. Zuschlag	Stunden- aufwand
			DM	Std.
1g	400	**A 1.1.3 Spachtelarbeiten** m^2 vorbehandelte Deckenflächen, Unebenheiten beispachteln und ganzflächig einen Zwischenanstrich mit Dispersions-Füllfarbe, 400 g/m², auftragen. Mat.-kost.: 0,81 Std.-ansatz: 0,09	...	...
1h	220	m^2 vorbehandelte Deckenflächen, Unebenheiten mit Dispersionsspachtelmasse vorspachteln, ganzflächig bis zur Glätte spachteln, schleifen und mit einem Grundanstrich - lösungsmittelhaltig - versehen. Mat.-kost.: 2,20 Std.-ansatz: 0,36	...	...
1i	70	**A 1.1.4 Erschwerniszuschläge für Decken** m^2 Stuckflächen nur als Erschwerniszulage zu der Pos. 1a behandeln. Mat.-kost.: - Std.-ansatz: 0,05	...	...
1k	10	m^2 Stuckflächen nur als Erschwerniszulage zu der Pos. 1b. Mat.-kost.: - Std.-ansatz: 0,09	...	...
1l	10	m^2 Stuckflächen nur als Erschwerniszulage zu der Pos. 1e. Mat.-kost.: - Std.-ansatz: 0,05	...	...
1m	10	m^2 Stuckflächen nur als Erschwerniszulage zu der Pos. 1 f. Mat.-kost.: - Std.-ansatz: 0,03		
2a	450	**A 1.1.5 Zwischen- und Schlußanstrich** m^2 vorgenannte Deckenflächen mit einem Zwischen- und Schlußanstrich mit waschbeständiger Dispersionsfarbe streichen. Mat.-kost.: 0,82 Std.-ansatz: 0,13	...	...
2b	150	m^2 vorgenannte Deckenflächen mit einem Zwischen- und Schlußanstrich mit matter Polymerisatharzlackfarbe streichen. Mat.-kost.: 1,55 Std.-ansatz: 0,13	...	...
3a	50	**A 1.1.6 Zwischen- und Schlußanstrich der stuckverzierten Decken** m^2 Deckenflächen wie Pos. 2a behandeln, jedoch zusätzlich mit Stuckgliederung nur als Zulage. Mat.-kost.: 0,41 Std.-ansatz: 0,06	...	...
3b	50	m^2 Deckenflächen wie Pos. 2b behandeln, jedoch mit Stuckgliederung als Zulage. Mat.-kost.: 0,54 Std.-ansatz: 0,08	...	...

7.2 Aufbau der „Gegliederten Fassade"

7.2.1 Darstellung und Zusammensetzung der Kosteneinflußgrößen

Um die Kosten für die Wiederherstellung von gegliederten Stuckfassaden aus der Zeit zwischen 1890 und 1914 (in Berlin die typische Mietshausarchitektur) genauer zu erfassen, wurde ein Schema zugrunde gelegt, in dem zwei Kosteneinflußgrößen besonders hervortreten:

7.2.1.1 Die Reichhaltigkeit der Fassaden in bezug auf die Architekturgliederungen sowie den ornamentalen und figürlichen Schmuck

Hierbei hängen Form und Anwendung von Stuckdekorationen von der sich häufig wandelnden Stilrichtung und den künstlerischen Auffassungen von Architekten, Baumeistern, Bauherren und Maurermeistern ab.

Als Orientierungshilfe für eine verbesserte Kostenermittlung gegenüber den bisherigen Methoden wurden die hier behandelten Fassaden in vier Stufen eingeteilt. Grundlage der Untergliederungen der „Putz- und Stuckfassade" waren 100 Berliner gegliederte Fassaden, die bezüglich Architektur und Kosten untersucht wurden.

Stufe I: Glattputz- oder Werkstein-Fassade mit sparsamen Horizontalgliederungen und Fensterumrahmungen.

Stufe II: Glattputz- oder Werkstein-Fassade mit kräftiger Profilierung der Horizontalgliederung, der Fensterfaschen mit Bekrönungen, der Hauptgesimse, der Brüstungsfelder und der Portale.

Stufe III: Glattputz- oder Werkstein-Fassade wie Stufe II, jedoch mit verschieden ausgebildeten Fensterbekrönungen, ornamentalem Schmuck, Ziergliedern sowie ornamentalem figürlichen Beiwerk.

Stufe IV: Glattputz- oder Werkstein-Fassade mit reicher Verwendung von Gliederungen sowie ornamentalen und figürlichen Architekturteilen in Anlehnung an die eckigen Paläste der Vergangenheit in Frankreich, in England und in Deutschland.

7.2.1.2 Der bauliche Zustand der Fassaden

Bei jeder dieser Stufen wurde der unterschiedliche bauliche Zustand, die zweite Kosteneinflußgröße, mit einbezogen.

Es wird unterschieden:

B = Kleiner Instandsetzungsumfang
   – Der bauliche Zustand erfordert die Erneuerung der Stuckfassade bis zu ca. 30 %, einschl. Abschlagen und Oberflächenbehandlung.

Der charakteristische Zustand dieser Instandsetzungs- und Modernisierungskategorie „B" ist wie folgt zu beschreiben:

4. OG:	Putz neu
3. OG – EG:	Kleine Putzrisse; ebenfalls in den Profilen, Sohlbanken und Verdachungen etc., evtl. ca. 10 % aller Teile der Sohlbankgesimse, Verdachungen, Fensterumrahmungen (z. B. ca. 2 bis 3 Stück) erneuern.

C = Großer Instandsetzungsumfang
 – Es muß eine Erneuerung der Stuckfassade bis zu ca. 65 %, einschl. Abschlagen und Oberflächenbehandlung, durchgeführt werden.

Der Zustand der Instandsetzungs- und Modernisierungskategorie „C" wird häufig folgendermaßen aussehen:

4. OG – 3. OG:	Dachgesims zum großen Teil erneuern; Umrahmungen, Sohlbänke, Gesimse etc., evtl. auch Fensterverdachungen, vollständig erneuern; Neuputz.
2. OG – EG:	Ausbessern der Umrahmungen, Brüstungsfelder, Sohlbänke, Gesime und Verdachungen; gelegentlich auch fehlende Teile im 2. OG erneuern; Putz von EG bis 2. OG überwiegend erneuern.

D = Völlige Erneuerung
 – Um den originalen Zustand einer glatt geputzten, entdekorierten oder baulich stark verwahrlosten Stuckfassade wiederzugewinnen, ist nach vorhergehendem Entfernen der alten Putzhaut oder der Werksteine, einschl. der schadhaften Stuckdekoration, eine Erneuerung bis zu 100 % notwendig.

Diesen Modernisierungskategorien B, C, D der einzelnen Stufen I bis IV werden Material- und Stundenwerte je m^2 Fassade zugeordnet.

Die Aufwandskennziffern umfassen
– die Rüstung der Fassade;
– den Anstrich der Fassade ohne Fenster und Türen;
– die Klempnerarbeiten an Stuckteilen, nicht aber an Fallrohren und Regenrinnen;
– die Putz und Stuckarbeiten;
– die Bildhauerarbeiten.

Mit dieser Einteilung in B, C, D soll der bauliche Zustand als Kosteneinflußgröße für die Anwendung bei der Kostenermittlungsmethode ausreichend erläutert werden. Die Reichhaltigkeit der Stuckfassaden als Kosteneinflußgröße hingegen muß für die Benutzung noch näher definiert werden.

7.2.2 Nähere Erläuterungen zu den vier Stufen der „Gegliederten Fassade"

Diese Erläuterungen beziehen sich jeweils auf eine ideale Ausprägung der Stufen I, II, III und IV. Es können jedoch nicht alle vorkommenden Stuckfassaden in die vorgegebenen Stufen exakt eingeordnet werden, weil es unendlich viele Variationsmöglichkeiten der Fassadenbildung gibt.

Bei der Zuordnung in eine der vier Stufen müssen nicht alle aufgeführten Merkmale wie z. B. Erker, Balkon und Stuckelemente (z. B. Verdachungen, Gesimse) vorhanden sein, sondern der Gesamteindruck der Fassade ist für die Klassifizierung entscheidend.

Jede Stufe wird nach folgenden Gesichtspunkten abgehandelt:
1. Allgemeine Einordnung;
2. Fassadenbeschaffenheit;
3. Stuckarchitektur;
4. Beispiele.

7.2.2.1 Stufe I [1]

Allgemeine Einordnung

Objekte der Stufe I sind größtenteils Fassaden von Mietshäusern der zweiten Hälfte des 19. Jahrhunderts, die sich aus dem einfachen Berliner Bürgerhaus entwickelt haben. Gelegentlich finden wir aber auch Beispiele aus den Jahren 1900 bis 1914 mit Hausfronten, in denen Gliederungen und Schmuckteile nur spärlich auftreten.

Fassadenbeschaffenheit

Fassadenflächen zwischen den Stuckelementen können sein:
– Glattputz mit (Nutenputz) oder ohne Fugenschnitt;
– kein Bossenputz;
– Verblendmauerwerk;
– Werkstein bzw. Naturstein.

Stuckarchitektur

Fenster:　　– Einfache oder auch profilierte Fensterumrahmungen;
　　　　　　– im letzten OG sind selten Fensterverdachungen vorzufinden; in den übrigen Geschossen gibt es überwiegend einfache Verdachungen ohne Verzierungen und ohne Füllungen; Spitz- oder Rundverdachungen höchstens in einem Geschoß;
　　　　　　– das Verdachungsfeld ist ebenfalls ohne Füllungen.
　　　　　　– einfache Brüstungsfelder ausnahmsweise nur in dem Geschoß, wo Spitz- oder Rundverdachungen auftreten.
Gesimse:　　– Einfache profilierte einzelne bzw. durchgehende Sohlbankgesimse, in der Regel ohne Konsolen;

---

1 Gespräch mit dem Berliner Stadtbildpfleger Baudirektor a. D. Dipl.-Ing. W. Konwiarz am 30. 8. 1977

- einfache Gurtgesimse;
- einfach profiliertes Hauptgesims, gelegentlich kleine Konsolen.
(Andere Fassadenmerkmale wie Risalit, Frontispiz, Erker, Pilaster, Balkone, Loggien, Säulen treten nicht auf.)

Beispiele

Berlin-Spandau: Groenerstr. 25, Im Kolk 10; Berlin-Kreuzberg: Willibald-Alexis-Str. 25; Berlin-Wedding: Wiesenstr. 22; Berlin-Charlottenburg: Christstr. 1.

7.2.2.2 Stufe II

Allgemeine Einordnung

Stufe II sind Objekte der Stufe I, die durch eine reiche Verwendung von Stuckelementen wertvoller erscheinen. Zusätzlich treten häufig Erker und Risalite auf.

Fassadenbeschaffenheit

- Glattputz ohne oder mit Fugeneinteilung (Nutenputz);
- Bossenputz gelegentlich im Erdgeschoßbereich;
- Verblendmauerwerk;
- Mauerwerk, Naturstein.

Stuckarchitektur

Fenster: – Profilierte Fensterumrahmungen mit oder ohne Vorsprüngen an den unteren und oberen Ecken; gelegentlich mit Pfeilervorlage, aber auch mit einfachen Kapitellen und Basen (schlichter Pilaster);
  – evtl. mit Schlußsteinen;
  – evtl. einfache Bänder zwischen den Fensterumrahmungen;
  – durchlaufende oder auch einzelne Sohlbankgesimse, manchmal auch mit verzierten Konsolen;
  – Fensterverdachungen mit oder ohne Konsolen in dreieckiger, waagerechter oder bogenförmiger Art in allen Geschossen *ohne* Füllungen. Fensterverdachungen über zwei Fenster, in seltenen Fällen nur mit Füllungen. Verdachungsfelder weisen häufig in den ersten beiden Obergeschossen Verzierungen und Füllungen auf;
  – Brüstungen unter den Sohlbänken mit Rahmen und Füllungen, häufig nur im 1. OG.
Gesimse: – Profilierte Sockel-, Sohlbank- und Gurtgesimse;
  – profilierte Hauptgesimse mit kleinen verzierten Konsolen, Friesen, Zierleisten und Zahnschnitten.

Risalite: – Mittel-, Seiten- und Eckrisalit – gelegentlich mit besonderer
              Bekrönung (Risalit in seiner ganzen Höhe von Terrain bis ein-
              schließlich Dach aus der Bauflucht hervorspringender Gebäu-
              deteil).
Erker: – In Rechteck- oder Dreieckform, selten auch mit Balkon als
              oberem Abschluß (geschlossener Ausbau an der Fassade oder
              Hausecke).
Pilaster: – Glatt oder kanneliert als Wandgliederung (Wandpfeiler, der
              nur wenig aus der Wand hervortritt).

Beispiele

Berlin-Kreuzberg: Großbeerenstr. 30, Mehringdamm 45, Willibald-Alexis-
Str. 15; Berlin-Charlottenburg: Christstr. 36, Neue Christstr. 8, Schloßstr. 65.

7.2.2.3 Stufe III

Allgemeine Einordnung

Objekte in Weiterentwicklung der Stufe II, mit reichen Gliederungen und
ornamentalem sowie figürlichem Schmuck, auch unter Verwendung verschiedener Stilelemente [58, S. 41]. Ornamente und Gliederungen haben sich in
Form sowie Anzahl vervielfacht und ergeben eine prunkvolle Architektur.
Häufig tritt auch Bossenputz bis ca. 2. OG auf. Weiter prägen herausragende
Balkone bis 3. OG oder jeweils ein Balkon in Verbindung mit einem Erker
oder zwei Erkern das Bild der Fassade.

Fassadenbeschaffenheit

Fassadenflächen zwischen den Stuckelementen:
– Glattputz mit oder ohne tief ausgebildetem profilierten Fugenschnitt (Bos-
  sen), der gelegentlich bis zum 2. OG hinaufgeht. Dieser Bossenputz ist ein
  charakteristisches Zeichen für Stufe III.
– Verblendmauerwerk;
– Werkstein, Naturstein.

Stuckarchitektur

Fenster: – Fensterumrahmungen, in der Regel stark profiliert, gelegent-
              lich mit vorspringenden unteren und oberen Ecken; ferner mit
              einfachen oder kannelierten Pilastern, sowie mit Kapitellen und
              Basen;
              – gerahmte Brüstungsfelder unter den Fenstern mit ornamenta-
              len, vertieften bzw. vorspringenden Füllungen, gelegentlich
              sind auch Baluster vorhanden;
              – die Verdachungen können aus einer profilierten Grundplatte
              und einem dreieckigen, waagerechten und bogenförmigen Ab-

schluß bestehen, der auf Konsolen oder Ornamentteilen liegt. Auch kommen gebrochene oder gesprengte Verdachungen vor. In der Mitte der Verdachung befindet sich oft eine Kartusche oder figürliche Füllung, ein charakteristisches Zeichen der Stufe III;

- die Fensterverdachungen können geschoßweise abwechseln, wobei das Hauptgeschoß (belle étage) nicht nur höhere Fenster, sondern auch reicher ausgebildete Bekrönungen und Brüstungen aufweisen kann;
- Verdachungsfelder sind teilweise mit Füllungen und reichen Verzierungen ausgestattet.

Gesimse: - Profilierte Sockel-, Sohlbank- und Gurtgesimse;
- das Hauptgesims wird von ornamental ausgebildeten Stuckkonsolen getragen, die entweder eng zusammenstehen oder paarweise angeordnet sind und weit ausladen; manchmal sind zwischen den Konsolen oder auch zwischen den Bändern des Hauptgesimses ornamentale Füllungen sowie Zierglieder.

Risalite: - Als Mittel-, Seiten- oder Eckrisalit; mit besonderem Abschluß in der Regel unterhalb der Traufe.

Erker: - Rechteckige oder trapezförmige Erker mit oberen offenen Balkonen oder mit verschieden ausgebildeten Giebeln.

Pilaster: - Glatt oder kanneliert als Wandgliederung.

Balkone: - Balkone mit massiver Brüstung und glatt vorspringenden Platten oder Balustern bzw. schmiedeeisernen Gittern.

Beispiele

Berlin-Kreuzberg: Hagelbergerstr. 9 (Riehmers Hofgarten), Bergmannstr. 9, Bergmannstr. 16; Berlin-Charlottenburg: Seelingstr. 4; Berlin-Spandau: Spandauer Damm 19.

7.2.2.4 Stufe IV

Allgemeine Einordnung

Weiterentwicklung der Stufe III. Die konsequente Bindung an eine einheitliche Stilvorlage wird oft aufgegeben. Es wird angestrebt, architektonische und ornamentale Elemente mehrerer Baustile zur Fassadendekoration zu verwenden. Dieses geschieht mit der Absicht, das Gebäude interessant, vielfältig und kostbar erscheinen zu lassen, wobei sich in Berlin eine besondere Art großstädtischer Architektur – wie z. B. auf dem Kurfürstendamm – herausgebildet hat. Es handelt sich dabei um Gebäude aus der Zeit vor und nach der Jahrhundertwende.

Den unter Stufe III beschriebenen Stilelementen werden gelegentlich neue, von den Baumeistern abgewandelte Teile hinzugefügt, um die Großzügigkeit und Monumentalität der Fassade zu steigern (z. B. durch lebensgroße Figuren, Büsten, Frontispiz etc.).

Fassadenbeschaffenheit

Fassadenflächen zwischen den Stuckelementen:
- Glattputz mit oder ohne Struktur und mit stark profiliertem und tiefem Fugenschnitt, der sich meist bis zum 2. OG erstreckt (vgl. Stufe III); zwischen den Stuckelementen treten häufig Girlandenmotive auf;
- Verblendmauerwerk;
- Werkstein, Naturstein.

Stuckarchitektur

Fenster: – Unterschiedlich große Fensterausbildung;
           – stark profilierte, breite Fensterumrahmungen, evtl. vorspringende Ecken; auch mit dekorativen Figuren, Pilastern, Kapitellen, Basen und Sockeln;
           – die Fensterverdachungen können geschoßweise in verschiedenen Formen (dreieckig, waagerecht, bogenförmig usw.) gehalten sein. Die Fensterverdachungen sind häufig von Konsolen oder Figuren getragen, die Fensterbekrönungen haben manchmal Kartuschen oder Zierwappen;
           – Brüstungsfelder unter den Sohlbankgesimsen sind mit Balustern bzw. ornamentalen oder figürlichen Füllungen versehen, die entweder vertieft oder vorspringend angebracht sind.

Gesims: – Profilierte Sockel-, Sohlbank- und Gurtgesimse;
           – horizontale Gesimse mit Friesen, Band- oder Girlandenmotiven als Unterglieder;
           – das Hauptgesims wird häufig von kräftig ornamental ausgebildeten Stuckkonsolen getragen, die entweder eng zusammenstehen oder paarweise gegliedert sind und weit ausladen; gelegentlich gibt es zwischen den Stuckkonsolen auch ornamentale und figürliche Füllungen sowie Zierglieder.

Risalite: – Eck-, Seiten- oder Mittelrisalit; der obere Abschluß der Risalite findet sich oft als Segment oder Dreieck mit Ornamenten.

Erker: – Dreieckige oder mehreckige Erker, auch mit oberen offenen Balkonen oder mit verschieden ausgebildeten Giebeln.

Balkone: – Balkone mit massiver Brüstung und glatt vorspringender Platte oder Balustern; Balkone zwischen zwei Erkern oder Risaliten.

Pilaster: – Glatt oder kanneliert, mit jonischen, korinthischen oder Komposit-Kapitellen und Basen.

Loggien: – Mit profilierten Brüstungsfeldern und Balustern.

Säulen: – Glatte oder kannelierte Rundsäulen, mit oder ohne Entasis, mit Kapitellen und Basen verschiedener Stilrichtungen.

Dach: – Die Traufe ist im allgemeinen nicht horizontal angeordnet,
             sondern durch besonders ausgeprägte Verdachungen, auch des
             Erkers oder der Risalite, z. B. Frontispiz, ausgebildet.

Beispiele

Berlin-Kreuzberg: Mehringdamm 50, Planufer 94, Yorkstr. 40; Berlin-
Wilmersdorf: Kurfürstendamm 123.

7.2.2.5 Abbildungen „Gegliederte Fassaden"

Die Abb. 20 bis 23 zeigen typische Stuckfassaden der Stufen I bis IV. Zu jeder
Stufe ist eine Fassade abgebildet, die etwa in der „Mitte" jeder Stufe liegt.
Aus den Abb. 24 und 25 sind die Bezeichnungen der Elemente der Stuckfas-
saden ersichtlich.

7.2.3 Ermittlung der Stufen und der Maßnahmekategorien „Gegliederte Fassaden"

7.2.3.1 Vorgehensweise

Um mit Hilfe der Einteilungen in Stufen und Maßnahmekategorien einen
adäquaten Preis für 1 m^2 gegliederte Fassade zu ermitteln, ist folgende Vorgehensweise zweckmäßig:
1. Sichtung der Zeichnungen bzw. Bilder zu den vier einzelnen Stufen.
2. Zuordnung der wiederherzustellenden Fassade zu einer der vier Stufen
   und einer der drei Maßnahmekategorien nach Untersuchung des Modernisierungsobjekts am Ort.
3. Überprüfung der Einordnung anhand der oben genannten Erläuterungen
   zu den vier Stufen und den drei Maßnahmekategorien sowie unter Hinzu-
   ziehung der Checkliste.
4. Stimmen die Resultate überein, die aus den zwei Ermittlungsweisen erhalten wurden (Zeichnungen und schriftliche Ausführungen), so lassen sich
   die Aufwandskennziffern aus Tabelle 7 entnehmen.
   Diese Aufwandskennziffern dienen als Anhaltspunkte für die Berechnung
   der Restaurierung der Fassade, indem sie mit der gesamten Fassaden-
   fläche multipliziert werden.
5. Falls das Resultat beider Ermittlungen keine eindeutige Zuordnung zu
   Stufe I, II, III oder IV erlaubt, ist die Berechnung von Mittelwerten der
   entsprechenden Stufen und Maßnahmekategorien erforderlich.

Abb. 20. Einfach gegliederte Fassade (Stufe I)

Abb. 21. Gegliederte Fassade (Stufe II)

Abb. 23. Sehr stark gegliederte, plastisch ausgeprägte Fassade (Stufe IV)

Abb. 22. Stark gegliederte Fassade (Stufe III)

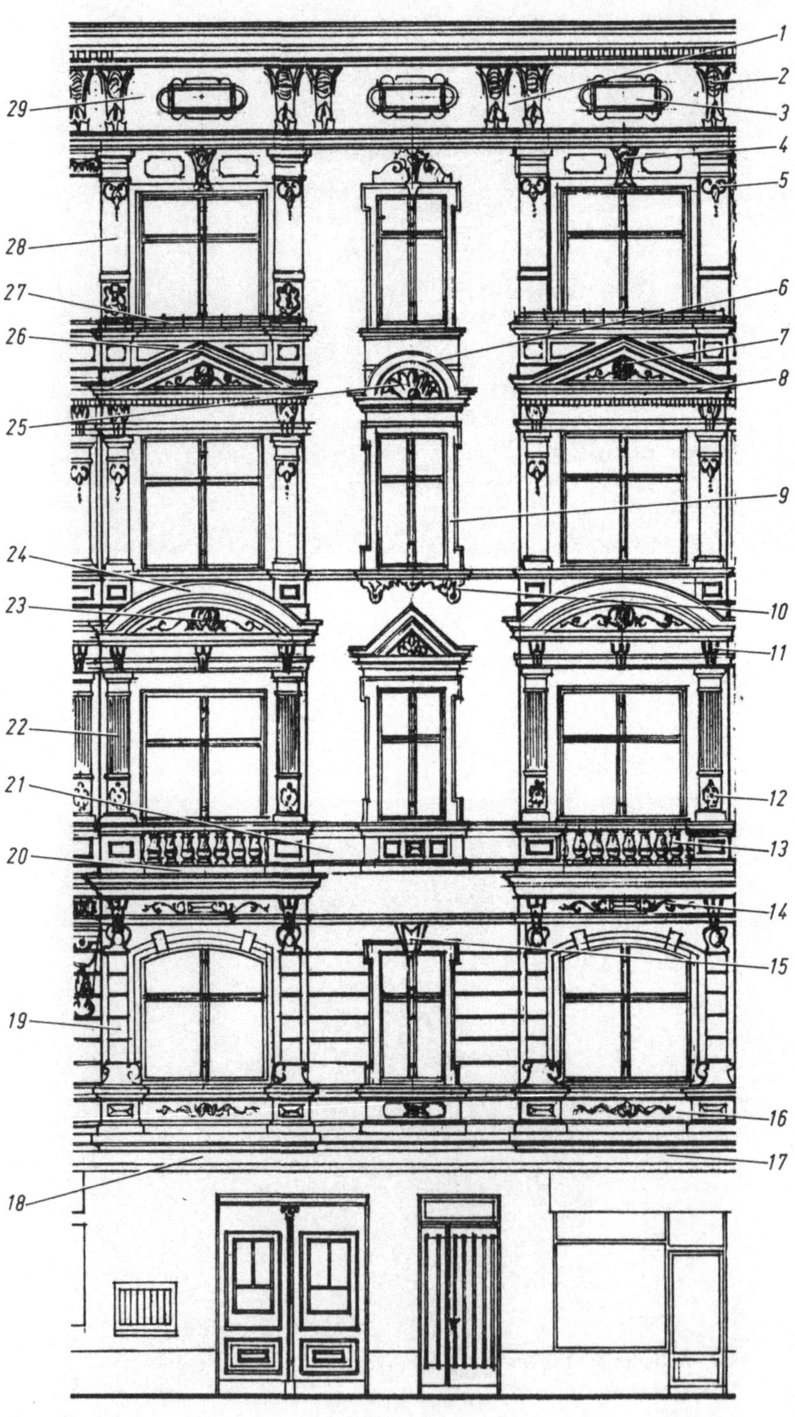

7.2.3.2 Checkliste für die Einordnung der zu renovierenden Fassaden in die vier Stufen

Es handelt sich um eine Fassade der *Stufe IV*,
wenn mindestens drei der folgenden typischen acht Merkmale auftreten:

	vorhanden (x)
1. Frontispiz oder eine Traufenflucht, die durch segment- bzw. dreieckförmige Aufbauten (oberhalb der Traufe) unterbrochen ist.	
2. Plastische Figuren (nicht Köpfe); Köpfe nur im Hauptgesims oder Frontispiz.	
3. Stufengroße Balkone oder Erker mit weit ausladenden, ornamental ausgebildeten Stuckkonsolen in mehr als zwei Geschossen.	
4. Mindestens ein großer Balkon wird durch zwei seitlich angeordnete Erker oder Risalite begrenzt.	
5. Loggien.	
6. Balustern (auch an Balkonen) oder Brüstungen in ornamentaler Stuckwabenform in mindestens zwei Geschossen.	
7. Säulen mit Kapitellen und Basen verschiedener Stilrichtungen bzw. Pilaster über mindestens zwei Geschosse.	
8. monumentaler Hauseingang mit Wappen, Säulen oder ausgeprägten Verzierungen (Figuren) und evtl. Treppenstufen.	
Summe	

Abb. 24. Bezeichnungen der Elemente der Stuckfassade (Stufe IV)
1 paarweise angeordnete Stuckkonsolen, 2 ornamentale, weitausladende Stuckkonsole, 3 Drempelgeschoßfenster mit Girlanden, 4 Figuren, 5 verkröpfte Ohrenfasche, 6 Muschelornament, 7 Kartusche, 8 Architravplatte, 9 Fensterumrahmungen mit vorspringenden unteren und oberen Ecken, 10 ornamentales Schaftunterteil, 11 Sohlenbankgesimskonsolen, 12 kannelierter Pilaster mit Basis und Kapitell sowie Kämpfer, 13 Brüstungsfelder mit Baluster, 14 Verdachungsfeld mit Füllungen, 15 Schlußstein über dem Fenster, 16 Brüstungsfelder mit ornamentalen vorspringenden Füllungen, 17 Erker mit Balkon, 18 Sockelgesims, 19 Pilaster mit Quaderputz und profilierten Nuten, 20 Gurtgesims, 21 Spiegelfelder, 22 Festerumrahmung mit Pilaster, 23 Füllungsstücke, 24 Rundverdachung, 25 ornamentale Bekrönung, 26 Verdachung mit profilierter Grundplatte und einem dreieckigen Abschluß, 27 Balkon mit massiver Brüstung und glatt vorspringenden Platten, 28 glatter Pilaster mit Kapitellen und Basen verschiedener Stilrichtung, 29 Hauptgesims

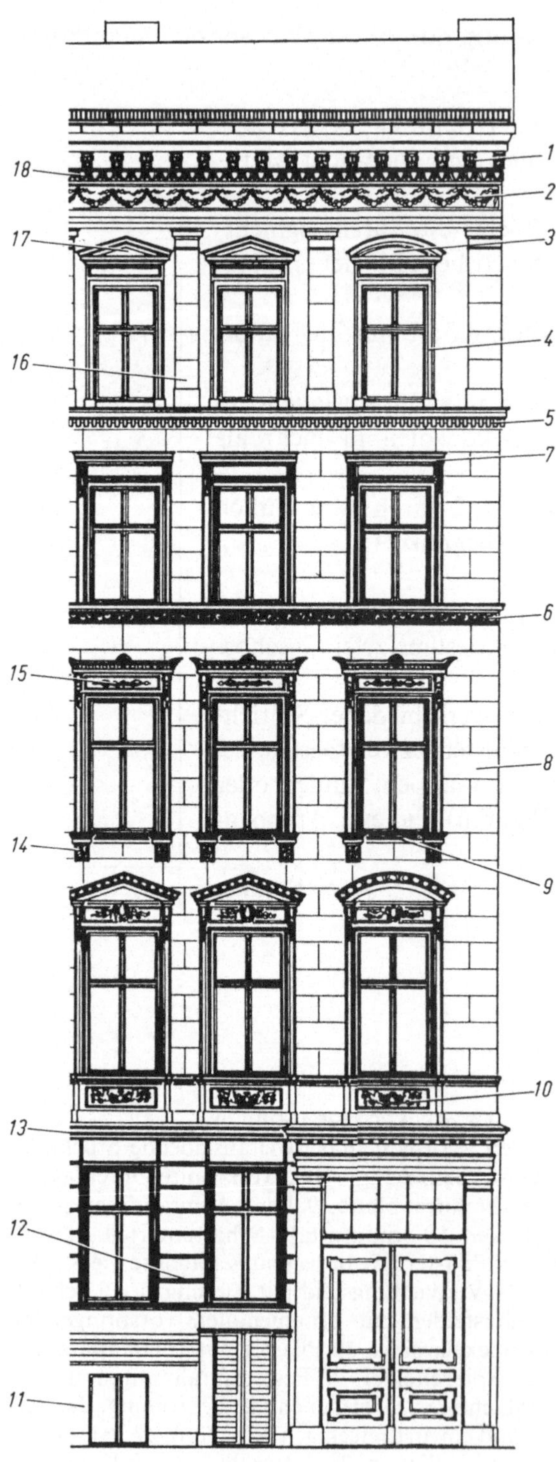

Stufe III,
wenn mindestens vier der bisherigen acht und folgende
Merkmale vorhanden sind:

	vorhanden (x)

  9. Bossenputz in mindestens zwei Geschossen wenn Bossenputz in drei oder mehr Geschossen vorkommt, handelt es sich ohne weitere Überprüfung um Stufe III.
 10. Beidseitig angeordnete Erker oder Risalite.
 11. Mindestens zwei Balkone.
 12. Verschiedene Verdachungsformen (z. B. dreieckige, runde, gebrochene oder gesprengte Ausbildungen) mit figürlichen Füllungen, Kartuschen bzw. Köpfen in mindestens zwei Geschossen.
 13. Verzierte Verdachungsfelder in mindestens vier Geschossen.
 14. Stark ausgebildete ornamentale Verzierungen oder Girlandenmotive in den Fensterspiegeln.
 15. Gerahmte Brüstungsfelder mit vertieften oder vorspringenden ornamentalen Füllungen in mindestens zwei Geschossen.
 16. Ornamental ausgebildete, eng zusammenstehende oder paarweise angeordnete weit ausladende Stuckkonsolen des Hauptgesimses.

Summe

Abb. 25. Bezeichnungen der Elemente der Stuckfassade (Stufe II). *1* Ornamental ausgebildete Stuckkonsolen, *2* Ziergirlanden, *3* einfache Segmentverdachung, *4* einfache Fensterumrahmung, *5* durchlaufende Sohlbankgesimse mit Zahnschnittleisten, *6* durchlaufende Sohlbankgesimse mit Schuppenfries, *7* waagerechte Verdachung, *8* Naturstein, *9* einzelne Sohlbankgesimse mit Konsolen, *10* gerahmte Brüstungsfelder mit ornamentalen bzw. vorspringenden Füllungen, *11* glatter Sockelputz, *12* Bossenputz mit Nutenaufteilung, *13* Gurtgesims, *14* Konsole, *15* Verdachungsfeld mit ornamentalem Schmuck, *16* Pilaster, *17* Spitzenverdachung ohne Füllung, *18* Zierleisten

Stufe II,
wenn mindestens drei der bisherigen 16 und folgenden Kriterien erfüllt sind:
17. Wenig profiliertes Hauptgesims mit kleinen verzierten Konsolen und Zierleisten.
18. Profilierte durchgehende Sockel-, Sohlbank- und Gurtgesimse mit Friesen, Zierleisten und Zahnschnitten in mindestens drei Geschossen.
19. Bossenputz in einem Geschoß.
20. Ein Erker.
21. Ein Balkon.
22. Ein Risalit.
23. Pilaster als Wandgliederung oder auch als Fensterumrahmung.
24. Dreieckige, waagerechte oder runde Verdachungen ohne Füllungen in mindestens zwei Geschossen.
25. Verdachungsfelder in mindestens zwei Geschossen.

Summe

vorhanden (x)

Stufe I,
wenn zwei Kriterien bei der „Gegliederten Fassade" auftreten.

7.3 Ermittlung der Aufwandskennziffern je Element

7.3.1 Berechnung der Materialzuschläge (%) und der Kalkulationsmittellöhne aller Gewerke (Februar 1978)

Tabelle 7. Materialzuschläge und Kalkulationsmittellöhne von allen Gewerken (Formblatt 2)

Kennzeichnung	Leistungsverzeichnisse beteiligter Gewerke	Mittl. Mat.-zuschläge je Gewerk	%-Anteil der Mat.-Kosten je Gewerke bezogen auf Gesamt-Mat.-Kosten	Anteil Mat.-zuschläge der Gewerke bzw. a.G.	KML (2.78) der Gewerke	%-Lohnanteil je Gewerk, bezogen auf die Gesamt-Lohnkosten	Anteiliger KML (2.78) der Gewrke bzw. KML a.G.
		%	%	%	DM/Std.	%	DM/Std.
0.1	0.2	1	2	3	4	5	6
1	Bauhauptgewerbe	20,40	33,6	6,85	30,54	46,4	14,17
2	Holzschutz	16,67	0,4	0,07	28,88	0,4	0,12
3	Dachdecker	19,00	2,3	0,44	30,41	1,6	0,49
4	Klempner	19,00	1,6	0,30	31,48	1,2	0,38
5	Putz und Stuck	10,00	1,1	0,11	37,00	7,5	2,78
6	Fliesen	10,00	1,6	0,16	20,90	1,5	0,31
7	Tischler	20,00	8,4	1,68	30,96	10,2	3,16
8	Drechsler	10,00	0,8	0,08	30,96	0,7	0,22
9	Metall	11,25	1,5	0,17	30,38	0,3	0,09
10	Glaser	16,67	1,4	0,23	29,00	0,7	0,20
11	Anstrich	10,20	10,2	1,04	27,07	12,5	3,38
12	Estrich und Bodenbelag	16,25	2,9	0,47	25,59	1,9	0,51
13	Lüftung	28,75	1,3	0,37	33,20	0,4	0,13
14	Heizung	19,40	13,7	2,26	27,51	5,3	1,46
15	Be- und Entwässerung	19,00	12,1	2,30	27,02	5,5	1,49
16	Elektro	19,00	6,1	1,16	30,06	3,5	1,05
17	Entfeuchtung	10,00	1,0	0,10	30,20	0,4	0,12
			100,0	18,19	100,0		30,06

Mat.-zuschlag a.G. (%) = 18,20, KLM a.G. 30,10 DM/Std.

7.3.2 Berechnung der Materialkosten und Stundenansätze für die AWK-Methode II (Kostenberechnung)

Formblatt 3-4

Bau-Element-4

Ermittlung der Materialkosten und der Stundenansätze je Maßnahmekategorie der Unterelemente (U. E.)

Kenn-zeich-nung	Men-ge	Teilleistungen je Maßnahmekategorie der Unterelemente	Material			Stunden		
			Teill. (netto)	Σ Gewerk	-Zuschl. -Um-rechnung	-an-satze	Σ Gewerk	KML -Um-rechnung
			DM / Einheit			Std. / Einheit		
4.		DECKE						
4.1.		ROHDECKE						
4.1.1.		Holzbalkendecke (ohne Dielung						
		und Deckenputz) (m²)						
		A Holzschutz,incl. befallene						
		Stakung,Lattung u. Schüttung						
		auswechseln (m²)						
1-VII-9	30	m² Stakung,Latt.u.Schüttung lief.						
		M. 9,90 · 30/100= u.einb.; L. 0,50 · 30/100=	2,97	2,97	1-2040 3,03	0,15	0,15	1-30,54 0,15
2 -14	100	m² Balkendecke bis Stakenlage						
		chem. schütz.	1,20			0,14		
2 -15	50	m² Schüttung herausnehmen,Balken						
		ganz impräg. als Zulage M. 0,84 · 50/100 = L. 0,46 · 50/100 =	0,42			0,23		
2 -16	62,5	m Deckenbalken abbeilen, 50%						
		(≙ 50m²); a = 0,8m;						
		F= 62,5 0,8 = 50m²; M. 0,78 · 62,5/100 = L. 0,17 · 62,5/100 =	0,49			0,11		
2 -17	50	m² Holzbalkendecken,einschl.						
		Staken, chem. schütz. M. 2,62 · 50/100 = L. 0,18 · 50/100 =	1,31			0,09		
2 -23	20	m² wiederverwendb.Stak.u.Schütt.						
		M. 0,57 · 20/100 = einbring.; L. 0,19 · 20/100 =	0,11	3,53	2-1667 3,48	0,04	0,61	2-28,88 0,59
			6,50		6,51	0,76		0,74
		B A+ einseitige Balken-bzw.						
		Balkenkopf-Verstärkung (m²)						
1VII-9	1	m² Stakung,Latt.u.Schütt.lief.u.						
		M. 9,90 · 0,50 = einb. 50%; L. 0,50 · 0,50 =	4,95			0,25		
		Übertrag:	4,95			0,25		

7.3.3 Berechnung der Materialkosten und Stundenansätze für die AWK-Methode I (Kostenschätzung)

| Formblatt 4-4 | | Ermittlung der Materialkosten und der Stundenansätze je Maßnahmekategorie der Teilbauelemente (TBE) |

Bau-Element-4

Kenn-zeich-nung	Men-ge	Gewerkeleistungen der Unterelemente je Maßnahmekategorie der Teilbauelemente	Material			Stunden		
			pro Gewerk der UE.	Σ Gewerk	-Zuschl.-Um-rechnung	pro Gewerk der UE.	Σ Gewerk	KML-Um-rechnung
			DM / Einheit			DM / Einheit		
4.		DECKE						
4.1.		ROHDECKE (m²)						
		A Holzschutz (m²)						
		wie 4.1.1. A:	3,53	3,53	2-16,67 3,48	0,61	0,61	2-2888 0,59
		wie 4.1.1. A:	2,97	2,97	1-20,40 3,03	0,15	0,15	1-3054 0,15
					6,51			0,74
		C Balken-Verstärkung, Holzschutz (m²)						
		Mittelung: 4.1.1.B(25%)u.C(75%)						
		M. 33,93x0,25+44,82x0,75=						
		L. 3,91x0,25+5,21x0,75=	42,10	42,10	1-20,40 42,88	4,89	4,89	1-3054 4,96
					42,88			4,96
		D_1 Holzbalken-bzw. St.-B.-Decke neu (m²)						
		Mittelung: 4.1.1.D_1 u.4.1.2.D_1 je 50%						
		M. (37,83 + 39,20)/2 =						
		L. (2,03 + 2,86)/2 =	38,52	38,52	1-20,40 39,24	2,45	2,45	1-3054 2,49
					39,24			2,49
		D_2 ausbauen (m²)						
		Mittelung: 4.1.1. D_2 (80%)						
		4.1.2. D_2 (20%)						
		M. 3,20 x 0,80 + 6,19 x 0,20 =						
		L. 1,05 x 0,80 + 1,57 x 0,20 =	3,80	3,80	1-20,40 3,87	1,15	1,15	1-3054 1,17
					3,87			1,17
4.2.		BODENBELAG (m²)						
		A Anstrich bzw. Versiegelung(m²)						
		Anteile: 4.2.1. A - 95%						
		4.2.1. B - 5%						
11-		4.2.1. A M. 3,65 · 0,95 = L. 0,46 · 0,95 =	3,47			0,44		

7.4 AWK-Methoden

Die AWK-Methoden bestehen aus der AWK-Methode I zur Kostenschätzung und der AWK-Methode II zur Kostenberechnung.
Jede AWK-Methode basiert auf zwei Informationskomplexen:
– Dem ersten Komplex, bestehend aus den Grundinformationen zu Modernisierungsvorhaben;
– dem zweiten Komplex, bestehend aus der Elementgliederung mit den dazugehörigen Aufwandskennziffern.
Der erste Informationskomplex ist bei den AWK-Methoden I und II identisch.
Der zweite Informationskomplex ist von der AWK-Methode I zur AWK-
Methode II hin wesentlich differenzierter aufgebaut. Jedoch wird jede AWK-
Methode in drei zweckorientierte Anwendungsformen (a, b und c) aufgeteilt,
die sich durch die jeweils zweckmäßige Form der Elementgliederung mit den
dazugehörigen Aufwandskennziffern unterscheiden (Tabelle 3).

7.4.1 AWK-Methode I (Kostenschätzung)

7.4.1.1 AWK-Methode I a – Grundaufbau

Blatt 1 bis Blatt 4

ERSTER INFORMATIONSKOMPLEX DER AWK-METHODE Ia

Untersuchung vom: *20. 04. 78*   Sanierungsgebiet:

Untersucher: *G. Dickenbrok*   Straße:

1.1 Objektkennzeichnung

- Geschosse/Gebäudetyp : *5/2-SPÄNNER- WOHNHAUS MIT 10 WE*
- Standort, Straße   :
- Baugebiet, Block-Nr. : *AUS RÜCKSICHT AUF DEN BAUHERRN WIRD KEINE*
- Baujahr   : *NÄHERE OBJEKTKENNZEICHNUNG VORGENOMMEN!*
- Grundbuch vom   :   *Bd.:   Bl.:*
- Eigentümer   :
- Verwalter   :
- Sanierungsträger   :
- Zeitangabe von bish. :
  durchg. Arbeiten   :

1.2 Graphische Objektdarstellung *

1.2.1 Foto der Vorder- bzw. Hofansicht

1.2.2 Lageplan einschl. der Blockbebauung M 1:1000, M 1:500

1.2.3 Bauzeichnungen des Modernisierungsvorschlages

1.2.3.1 Grundriß   M 1: (......)

1.2.3.2 Schnitte im Maßstab M 1: (......)

---

* Aus Rücksicht auf den Bauherrn wird keine graphische Objektdarstellung (1.2)
vom beispielhaft vorgestellten Rechenobjekt vorgenommen.

1.3 Kosteneinflüsse

1.3.1 Bauwerkseinflüsse

Geschosse und Geschoßhöhe

Geschosse	KG	EG	1.OG	2.OG	3.OG	4.OG	5.OG	DG
Geschoßhöhe	2,24 m	3,67 m	3,52 m	3,43 m	3,13 m	3,22 m		2,11 m

- Erschließungssystem   : *2 - SPÄNNER*
  (2-Spänner)

- Zugrundegelegte Gutachten : *HOLZGUTACHTEN, ENDOSKOPIEGUTACHTEN*
  (z.B. Holzgutachten, Endos-
  kopiegutachten m. Datum)

1.3.2 Nutzungseinflüsse

- Nutzungsart   (Wohnen)   : *WOHNEN*

- Nutzungsanforderung   : *WFB-MOD. STANDARD*
  (WFB-Modstandard)

- Entmietungsform   : *TOTALENTMIETUNG*
  (z.B. Totalentmietung, Ent-
  mietung nur während der
  Kernbauzeit, Mieter verbleiben)

Wohnungsschlüssel

Wohnungstyp	m² /WE	Anzahl	m² insgesamt	Prozent
1 - 1 1/2 Zi		1		
2 - 2 1/2 Zi				
3 - 3 1/2 Zi		9		
4 - 4 1/2 Zi				
5 - 5 1/2 Zi				
6 - 6 1/2 Zi				
Summe		10	944	

- Gesamt-Wohnfläche   : *944 m²*
  (ca. 800 m² WFL)

- Anzahl der Wohnungen   : *10 WE*
  (ca. 10 WE)

1.3.3 Standorteinflüsse

- Rechtliche Einflüsse

  . Baugebiet   : *SANIERUNGSGEBIET*
    (Sanierungsgebiet)

  . Ortsspezifische Auflagen   : *KEINE*
    (wie denkmalsgeschützter Be-
    reich der Fassade, besondere
    Planungsauflagen)

- Technische Einflüsse

  . Abriß   : *ABRISS DER SEITENFLÜGEL*
    (der Seitenflügel)

  . Energieranschlüsse   : *GAS-FERNHEIZUNG*
    (Gas)

1.3.4 Markteinflüsse

- Zeitliche Einflüsse

  . Saisonale Einflüsse b. Ausschreibungszeitraum : *HERBST 1976*
    (Frühjahr)

  . Überschreitung der zugrundegelegten   : *ca. 1 JAHR*
    Baudurchführungszeit (von ca. 3/4 Jahr)

- Markteinflüsse (voraussichtliche)

  . Regionale Markteinflüsse (Berlin)   : *BERLIN*

  . Konjunkturlage   : *FAST WIEDER AUSGEGLICHENE K.-LAGE*
    (ausgeglichene Konjunkturlage)   *VERBESSERUNG DER AUFTRAGSSITUATION*
                                   GEGENÜBER FRÜHJAHR UND SOMMER IST
                                        FESTZUSTELLEN

  . Anbieter   : *ca. 4-9 ANBIETER*
    (ca. 5 - 8 Anbieter; durchschnittl. Größe   *DURCHSCHNITTL. GRÖSSE*
    von kleinen bis mittl. Anbietern je Gewerk,
    Auftragsbestand 3 Monate)

  . Nachfrager - Auftraggeberseite -   : *FINANZKRÄFTIGER BAUHERR*
    (wie z.B. finanzkräftiger, privater Bauherr) *(GEMEINNÜTZIG)*

- Vergabeeinflüsse

  . Art der Vergabe (vgl. § 3 VOB/A)   : *BESCHRÄNKTE VERGABE AN*
    (beschränkte Vergabe)   *FACHUNTERNEHMER*

  . Vergabe der Lose (vgl. § 4 VOB/A) : *TEILWEISE AUFTRÄGE FÜR*
    (pro Gebäude)   *MEHRERE GEBÄUDE*

  . Vertragsart   (vgl. § 5 VOB/A) : *LEISTUNGSVERTRAG ALS*
    Leistungsvertrag   *EINHEITSPREISVERTRAG*

- Finanzierungseinflüsse

  . Finanzierungsförderung   : *DURCHGREIFENDE MOD. NACH*
    (durchgreifende Mod. nach II. WoBauG) *II. Wo Bau G*

AWK-METHODE Iα

Bestandsaufnahmeblatt: 1

ZWEITER INFORMATIONSKOMPLEX DER AWK-METHODE Ia

Straße, Nr.:		Ort, Datum:	WE/Ge:	WFL:
Element-code	Elemente (Bau-,Teilbau-elemente)	Bestandsaufnahme zu den Inst.-u.Mod.-kategorien je Teilbauelement (T.B.E.)		Summe der B E
1.	GRÜNDUNG			
1.1.	FUNDAMENTE UND BODENPLATTE			
1.2.	WAND-ABDICHTUNG			
2.	WAND			
2.1.	ROHWAND UND SCHORNSTEIN (MAUERWERK)			
2.2.	TRENNWAND $d \leq 12$ cm			

* Aus Vereinfachungsgründen wird nur das erste Bestandsaufnahmeblatt demonstriert

Bestandsaufnahmeblätter   1 bis 3 *
Berechnungsblätter   1 bis 4

2.3.	WANDBEKLEIDUNG INNEN (ohne Treppenhaus)
3.	FENSTER UND TÜREN
3.1.	FENSTER (incl. Balkontür)
3.2.	AUSSENTÜREN
3.3.	INNENTÜREN (Wohnungs-, Zimmer- u. Stahltüren)

AWK-METHODE Ia

Berechnungsblatt: 1

Element-code	Elemente (Bau-,Teilbau-elemente)	Inst.(-)-u. Mod.-kategorien (+) je Teilbauelement (T.B.E.)	BE	Anzahl der BE	AWK je BE		±	AWK je T.B.E.	
Straße, Nr.: *GEBÄUDE D*		Ort, Datum: *BERLIN 30, 20.04.78* WE/Ge: *10/5*						WFL: *944 m²*	
					Mat.Kost. DM/BE	Stunden Std./BE		Material DM	Stunden Std.
1.	**GRÜNDUNG**								
1.1.	FUNDAMENTE UND BODENPLATTE	A Anstrich Bodenplatte	m³ (Beton+ Estrich)		14,70	1,75	−		
		B neuen Boden liefern u. einbringen			11,40	0,60	−		
		C Estrich auf Unterbet.; 25% d.Fl.			9,70	1,40	−		
		D_1 Fundamentunterfang.,Bodenplat. neu		*21,6*	137,00	13,20	+	*2959,20*	*286,12*
		D_2 Fundament u.Bodenplatte abbr.u.abf.		*20,4*	15,80	4,90	+	*322,32*	*99,96*
1.2.	WAND-ABDICHTUNG	C Sperrputz (Außenwandlängen)	m Wand	*24,1*	25,10	9,05	−	*604,91*	*218,11*
		D_1 elektrophysikal.Mauerwerksentfeucht. (Innen-u.Außenwandlängen)			47,10	1,50	−		
2.	**WAND**								
2.1.	ROHWAND UND SCHORNSTEIN (MAUERWERK)	A Versottung beseitigen,ausbrennen u. ausschleudern (Schornstein)	m³ Mauer-werk		138,00	13,20	−		
		B neue Öffnungen herstellen, incl. Sturz		*7,0*	73,00	16,30	+	*511,00*	*114,10*
		C Schornstein, incl.Schornsteinkopf			145,00	18,20	+		
		D_1 Mauerwerk neu herstellen, d≙24 cm, abzüglich Öffnungen (s. B)		*25,3*	104,00	9,70	+	*2631,20*	*245,41*
		D_2 Mauerwerk (auch Schornstein) ab-reißen u. abfahren		*55,7*	22,60	8,65	+	*1258,82*	*481,81*
2.2.	TRENNWAND d ≤ 12 cm	B alte,leichte Tr.wände ergänzen bzw. Öffnungen schließen	m² Wand		22,60	2,20	±		
		C Öffnungen m.Sturz kompl.herstellen (alte u. neue Wand)			8,50	1,10	+		
		D_1 Trennwand (abzüglich Öffnungen, siehe C), Bretterwand neu		*551,7*	26,70	1,25	+	*14730,39*	*689,63*
		D_2 abbrechen u. abfahren		*340,3*	2,10	0,55	+	*714,63*	*187,17*

2.3.	WANDBEKLEIDUNG INNEN (ohne Treppenhaus)	A Anstrich, Paneel, Tapete, Fliesen		3145,4	4,10	0,30	±	12896,14	943,62
		C zerstörten Putz in Teilfl. einer Wandseite ausbess.,incl.abschlagen	m²	134,4	6,00	1,15	±	806,40	154,56
		D$_1$ Neuputz herstellen (Mindestfläche: eine Wandseite)		268,8	3,50	0,60	±	940,80	161,28
		D$_2$ Putz (auch Wandfliesen) abschlagen		256,0	0,70	0,35	±	179,20	89,60
3.	FENSTER UND TÜREN								
3.1.	FENSTER (incl.Balkontür)	A Anstrich			27,00	5,85	-		
		B A+ gangbar machen;evtl.Glas,Wasser-schenkel bzw.Schwelle (Balkontür) erneuern;Rolladenkasten repa.; Zinkblech neu	Stck.	21	88,00	12,20	-	1848,00	256,20
		C B+ Flügel,Wasserschenkel,Schwelle (Balkontür) u.Glas neu;evtl.Latteibrett,Sprossung bzw.Leisten +Sockel (Balkontür)neu;gilt nicht f.Kellerf.		26	194,00	24,30	-	5044,00	631,80
		D$_1$ Fenster(auch Kellerfenster) bzw. Balkontür kompl.;Zinkblech neu		39	331,00	25,60	+	12909,00	998,40
		D$_2$ ausbauen		39	5,60	2,20	+	218,40	85,80
3.2.	AUSSENTÜREN	A Anstrich			34,30	8,35	-		
		B A+ gang-u.schließbar machen; Glas neu		4	499,00	28,30	-	1996,00	113,20
		C B+ Zier-Schlagleisten u. Sockel teilweise erneuern	Stck.		622,00	40,70	-		
		D$_1$ Durchfahrtstor,Hauseingangstür, Hoftür komplett			1150,00	103,00	+		
		D$_2$ ausbauen			13,70	4,65	+		
3.3.	INNENTÜREN (Wohnungs-, Zimmer- u. Stahltüren)	A Anstrich			18,30	2,75	-		
		B A+ gang-u.schließbar machen; evtl. Schwelle erneuern	Stck.	54	49,30	7,75	-	2662,20	418,50

Straße, Nr.: GEBÄUDE D — Ort, Datum: BERLIN 30; 20.04.78 — WE/Ge: 10/5 — WFL: 944 m²

Element-code	Elemente (Bau-,Teilbau-elemente)	Inst.(-)-u.Mod.-kategorien je Teilbauelement (T.B.E.)	BE	Anzahl der BE	AWK je BE Mat.Kost. DM/BE	AWK je BE Stunden Std./BE	±	AWK je T.B.E. Material DM	AWK je T.B.E. Stunden Std.
		C B+ Teilerneuer.,z.B.v.Füllungen,Kehl-stöße,Sockeln,Bekleid. u. Futtern			127,00	16,80	-		
		D_1 Türen, incl.Fertigtürelemente,kompl.	Stck.	31	257,00	9,60	+	7967,00	297,60
		D_2 ausbauen		5	5,10	1,60	+	25,50	8,00
4.	DECKE								
4.1.	ROHDECKE	A Holzschutz	m²	162	6,50	0,75	-	6949,80	801,90
		C Balken-Verstärkung, Holzschutz			42,90	4,95	-		
		D_1 Holzbalken-bzw.Stahlbetondecke neu			39,20	2,50	+		
		D_2 ausbauen			3,90	1,15	+		
4.2.	BODENBELAG	A Anstrich bzw. Versiegelung	m²		3,60	0,45	-		
		C Spanplatte+PVC bzw.Diel.+A bzw.Rauh-		691	19,70	1,10	±	13612,70	760,10
		D_1 Estrich+PVC bzw.Fliesen /spund		58	43,10	2,25	+	2499,80	130,50
		D_2 aufnehmen (Dielung,Parkett etc.)		296	1,10	0,60	+	325,60	177,60
4.3.	DECKENBE-KLEIDUNG	A Anstrich, incl. Stuckanteil	m²	495	1,80	0,30	-	891,00	148,50
		B A+ Glasvlies,Stuckteile nachschrauben		260	4,50	0,60	-	1125,00	150,00
		C abgehängte Gipskartonpl.bzw.Hängebod.		15	29,30	1,25	+	439,50	18,75
		D_1 Putz auf Putzträger + Stuckanteil		193	9,70	2,00	+	1872,10	386,00
		D_2 abschlagen		220	1,30	0,50	+	286,00	110,00
4.4.	BALKON	B Estr.+Isolier.;Brüstung repa.;Trenn-wand,Seitenteile,Ablauf erneuern	Balkon-breite -m-	17,8	92,00	9,80	-	1637,60	174,44
		C wie B, jedoch zusätzli.Trägerauflager entrosten und streichen			99,00	12,70	-		
		D_1 Decke u. Brüstung;Trennwand,Seiten-teil, Ablauf komplett			176,00	17,80	+		
		D_2 abbauen			9,20	5,00	+		

5.	TREPPENHAUS								
5.1.	TREPPENLÄUFE, -PODESTE UND -GELÄNDER	A Anstrich Tr.läufe,-pod.u.-geländer; Handläufe	Geschoß auch KG		124,00	21,00	-		
		B A+ Stufenkanten u.Geländer bzw.Massiv-stufen ausbess.,PVC neu,(auch Podes)		6	582,00	49,30	-	3492,00	295,80
		C A+ Holz-(Beton-)stufen,Dielung u.PVC neu, incl.Geländerteilerneuerung			1570,00	179,00	-		
		D_1 Geschoß-bzw. Kellertreppe sowie Geländer u. Handläufe neu			2420,00	237,00	+		
		D_2 Treppe, incl.Geländer abbauen		1	79,00	29,60	+	79,00	29,60
5.2.	DECKEN- UND WANDBEKLEI-DUNG	A Anstrich	m²	363	4,90	0,55	-	1778,70	199,65
		C Putz in kleinen Flächen + Anstrich			9,10	1,60	-		
		D_1 Putz, incl. Anstrich		201,6	7,90	1,20	+	1592,64	241,92
		D_2 Putz abschlagen		201,6	0,60	0,35	+	120,96	70,56
5.3.	AUFZUG UND TR.HAUSEIN-BAUTEN	C Briefkasten,Info-Tafel, Fußabtreter	Gesamt-wohnge-schosse	5	270,00	3,90	+	1350,00	19,50
		D_1 Personenaufzug (außen) neu			10800,00	612,00	+		
		D_2 Toilettenanlagen (Podest) ausbauen		5	19,40	6,70	+	97,00	33,50

6.	DACH								
6.1.	DACH-KONSTRUKTION	A Holzschutz	Gesamt-dachfl. -m²-		2,00	0,30	-		
		B A+ Auswechslung (8% d.Gesamtlänge) u.Verstärkung (8% d. Gesamtlänge)		57,3	5,70	0,65	-	326,61	37,26
		C A+ Auswechslung (15% d. Gesamtlänge) u.Verstärkung (15% d. Gesamtlänge)		226,7	8,50	0,90	-	1926,95	204,03
		D Dachkonstruktion komplett neu			20,70	2,05	+		
6.2.	DACHHAUT UND DACHENT-WÄSSERUNG	A Holzschutz und Anstrich d. Gesims-kasten	Gesamt-dachfl. -m²-		0,50	0,05	-		
		B A+ 2 Fallrohre neu u. Ziegel (8%) oder Pappdach (1 Lage Glasvliesbahn)			5,80	0,75	-		
		C A+ 4 Fallr.;Rinne u.Gesims ausbess.; Ziegel+Latt. (je 20%) od. Pappe neu		143	15,40	1,20	-	2202,20	171,60
		D_1 Dachhaut und -entwässerung und -gesims neu			33,10	1,55	+	4733,30	221,65
		D_2 Ziegel-, Pappdach aufnehmen und ab-fahren			2,10	0,65	+	300,30	92,96

Zwischensumme: 55631,26 4781,42

AWK-METHODE Ia   Berechnungsblatt: 3

Straße, Nr.: *GEBÄUDE D*	Ort, Datum: *BERLIN 30; 20.04.78*	WE/Ge: *10/5*	WFL: *944 m²*

Element-code	Elemente (Bau-,Teilbau-elemente)	Inst.(-)-u. Mod.-kategorien je Teilbauelement (T.B.E.)	BE	Anzahl der BE	AWK je BE Mat.Kost. DM/BE	Stunden Std./BE	±	AWK je T.B.E. Material DM	Stunden Std.
7.	**FASSADE**								
7.1.	FASSADENPUTZ, GLATT (Glatt-bzw.Kies-kratzputz)	B Rüstung;Putz 25% ausbessern;Anstrich	Gesamt-fass.fl. -m²-	401	10,70	1,95	-	4290,70	781,95
		C Rüstung;Putz 50% ausbessern;Anstrich			12,30	2,50	-		
		D$_1$ Rüstung; Putz neu; Anstrich		467	13,50	2,50	-	6304,50	1167,50
		D$_2$ Putz abschlagen		467	2,40	0,70	-	1120,80	326,90
7.2.	WENIG GEGLIE-DERTE FASSADE	B Rüst.;Stuckfass. 30% ausbess.;Anstr.	Gesamt-fass.fl. -m²-		19,20	4,90	-		
		C Rüst.;Stuckfass. 65% ausbess.;Anstr.			24,20	6,90	-		
		D Rüst.; Stuckfass. neu; Anstrich			31,70	9,65	-		
7.3.	REICH GEGLIE-DERTE STUCK-FASSADE	B Rüst.;Stuckfass. 30% ausbess.;Anstr.	Gesamt-fass.fl. -m²-		25,20	6,70	-		
		C Rüst.;Stuckfass. 65% ausbess.;Anstr.			30,80	8,85	-		
		D Rüst.;Stuckfass. neu, Anstrich			37,30	12,00	-		
8.	**INSTALLATIONEN UND EINBAUTEN**								
8.1.	ELEKTRO, GAS F. KOCHHERD	C Stark-,Schwachstromanlage + E-Herd	Wohn-einheit (WE)		1750,00	86,00	+		
		D$_1$ Stark-,Schwachstromanlage +Gas-Herd		10	1750,00	94,00	+	17500,00	940,00
		D$_2$ Demontage		10	23,80	7,70	+	238,00	77,00
8.2.	BE-U.ENTWÄSSE-RUNGSANLAGE	D$_1$ Kaltwasser- u. Abwasseranlage	WE	10	672,00	58,00	+	6720,00	580,00
		D$_2$ Demontage		10	32,70	8,65	+	327,00	86,50
8.3.	HEIZUNG UND WARMWASSER	D$_1$ Zentralheizung u. Warmwasser pro Gebäude (Öl-bzw.Ferh.-Zuschlag 11% bzw. 15%)	WFL -m²-	944 × 1,15	51,00	2,30	+	55365,60	2496,88
		D$_2$ Demontage: Kachelöfen, Heizkessel, Warmwasser		944	1,10	0,25	+	1038,40	236,00

8.4.	KÜCHEN-,BAD/WC-EINBAUTEN UND LÜFTUNG		Raum Küche bzw. Bad/WC						
		C Küchen-Einbauten + Lüftung	Raum	10	1310,00	13,50	±	13100,00	135,00
		D_1 Bad/WC - Einbauten + Lüftung	Küche bzw.	10	898,00	24,60	+	8980,00	246,00
		D_2 Objekte in Küche oder Bad entfernen (Räume = Küchen und Bäder)	Bad/WC	10	52,00	8,50	±	520,00	85,00
					Summe:			234368,60	18114,40

ERGEBNISBLÖCKE

I   ZUSAMMENSTELLUNG DER GESAMT-MODERNISIERUNGSKOSTEN

1.	Summen	Materialkosten M $234368,60$		Stunden h $18114,40$		
2.	Mat.kosten (aktuell) M^a $270\,747,29$	=	M (1) x Anpassungsfaktor (F.BL.6) $234368,60$ x $0,979$		x Materialzuschlag 1.18	
3.	Lohnkosten (aktuell) L^a $509014,64$	=	h (1) x KML a.G. (akt.)(F.BL.5) $18114,40$ x $28,10$		x Kosteneinflußfaktor	
4.	Gesamt-Mod.kost. K_{netto} $779\,761,93$	=	M^a (2) + L^a (3) $270747,29$ + $509014,64$			
5.	Gesamt-Mod.kost. K_{brutto} $865535,74$	=	K_{netto} (4) + MwSt 11% $779761,93$ + $85773,81$			

AWK-METHODE Ia

II AUFGLIEDERUNG IN MODERNISIERUNGSKOSTEN IM ENGEREN SINNE (i.e.S.) U. INSTANDSETZUNGSKOSTEN

		Material Mod.i.e.S. $M_{Mod.i.e.S.}$	Stunden Mod.i.e.S. $h_{Mod.i.e.S.}$
1	Mod.-Anteil $_{i.e.S.}$ (+)	190167,63	12017,07
2	Inst.-Anteil (-)	Material Inst. $M_{Inst.}$ 44200,97	Stunden Inst. $h_{Inst.}$ 6097,33

3	Mat.$_{Mod.i.e.S.}$ (aktuell) $M^a_{Mod.i.e.S.}$ =	$M_{Mod.i.e.S}$ (1) x Anpassungsfaktor (F.BL.) x Materialzuschlag
	219685,45 =	190167,63 x 0,979 x 1,18

4	Lohn$_{Mod.i.e.S.}$ (aktuell) $L^a_{Mod.i.e.S.}$ =	$h_{Mod.i.e.S.}$ (1) x KML a.G.(akt.) (F.BL.5) x Kosteneinflußfaktor
	337679,67 =	12017,07 x 28,10 x

5	Mod.Kosten$_{i.e.S.}$ (aktuell) $K^{Mod.}_{netto}$ =	$M^a_{Mod.i.e.S.}$ (3) + $L^a_{Mod.i.e.S.}$ (4)
	557365,12 =	219685,45 + 337679,67

6	Mod.Kosten$_{i.e.S.}$ (aktuell) $K^{Mod.}_{brutto}$ =	K^{Mod}_{netto} + MwSt 11%
	618675,28 =	557365,12 + 61310,15

7	Mat.$_{Inst.}$ (aktuell) $M^a_{Inst.}$ =	$M_{Inst.}$ (2) x Anpassungsfaktor x Materialzuschlag
	51061,84 =	44200,97 x 0,979 x 1,18

8	Lohn$_{\text{Inst.}}$ (aktuell)	$L^a_{\text{Inst.}}$	=	$h_{\text{Inst.}}$ (2)	x	KML a.G. (akt.)	x Kosteneinflußfaktor
	171334,97		=	6097,33	x	28,10	x
9	Inst.Kosten (aktuell)	$K^{\text{Inst.}}_{\text{netto}}$	=	$M^a_{\text{Inst.}}$ (7)	+	$L^a_{\text{Inst.}}$ (8)	
	222396,82		=	51061,84	+	171334,97	
10	Inst.Kosten (aktuell)	$K^{\text{Inst.}}_{\text{brutto}}$	=	$K^{\text{Inst.}}_{\text{netto}}$ (9)	+	MwSt 11%	
	246860,47		=	222396,82	+	24463,65	
11	Gesamt.-Mod.Kost.	K_{netto}	=	$K^{\text{Mod.}}_{\text{netto}}$ (5)	+	$K^{\text{Inst.}}_{\text{netto}}$ (9)	
	779761,94		=	557365,12	+	222396,88	
12	Gesamt.-Mod.Kost.	K_{brutto}	=	K_{netto} (11)	+	MwSt 11%	
	865535,75		=	779761,94	+	85773,81	

III   BESTIMMUNG   DER   VERGLEICHBAREN   NEUBAUKOSTEN

durchschnittl. vergleichbare Neubaukosten 1977	1200,00 DM/qm WFL	WFL: 944 qm	
Mod.Kosten$_{\text{i.e.S.}}$ (aktuell) $\left[K^{\text{Mod}}_{\text{brutto}} \text{(II/6)}\right]$ in DM/qm WFL	655,38	in % vgl. NBK :	54,61%
Inst.Kosten (aktuell) $\left[K^{\text{Inst}}_{\text{brutto}} \text{(II/10)}\right]$ in DM/qm WFL	261,50	in % vgl. NBK :	21,79%
Gesamt-Mod.Kost. $\left[K_{\text{brutto}} \text{(I/5, II/12)}\right]$ in DM/qm WFL	916,88	in % vgl. NBK :	76,41%
Entscheidung : *MODERNISIERUNG*			

7.4.1.2 AWK-Methode I b – Gebäude- und wohnungsspezifischer Aufbau

Aus Vereinfachungsgründen wird der erste Informationskomplex hier nicht weiter aufgelistet (vgl. Abschnitt 7.4.1.1).

Bei der AWK-Methode I b werden im zweiten Informationskomplex die „Gebäudespezifischen Kosten" auf den Berechnungsblättern 1 bis 3, die „Wohnungsspezifischen Kosten" für alle Wohnungen oder pro Gebäudeteilpaket auf den Berechnungsblättern 4 bis 5 oder 6 bis 7 ermittelt. Die dazugehörigen Bestandsaufnahmeblätter dienen als Auflistungshilfe. Gebäudeteilpakete entstehen durch Zusammenfassung der Wohnungen der Erd- und Obergeschosse, die senkrecht übereinanderliegen. Durch die Austauschbarkeit von Gebäudeteilpaketen kann mit Hilfe der Planungsvariablen Kosten und Wohnwert eine optimale Gesamtgebäudelösung erzeugt werden.

Beispielsweise werden bei einem 2-Spänner-Typ die Kosten eines ausgewählten Gebäudeteilpakets einer Gebäudehälfte mit dem anderen Gebäudeteilpaket zusammengestellt, um die Gesamtkosten aller wohnungsspezifischen Kosten eines Gebäudes zu erhalten. Eine solche Ermittlung würde auf den Berechnungsblättern 4 bis 5 und 6 bis 7 erfolgen.

Zur Demonstration der AWK-Methode I b werden die typischen Berechnungsblätter 1, 2, 3, 4 und 5 vorgestellt.

ZWEITER INFORMATIONSKOMPLEX DER AWK-METHODE Ib

1. Gebäudespezifische Kosten
Bestandsaufnahmeblätter   1 bis 3
Berechnungsblätter   1 bis 3

2. Wohnungsspezifische Kosten für alle Wohnungen oder pro
Gebäudeteilpaket
Bestandsaufnahmeblatt   4
Berechnungsblätter   4 bis 5

3. Wohnungsspezifische Kosten für alle Wohnungen oder pro
Gebäudeteilpaket
Diese Blätter sind lediglich nochmals erforderlich, um ein
zweites unterschiedliches Gebäudeteilpaket, z. B. überein-
anderliegende Wohnungsgrundrisse einer Gebäudehälfte,
von dem ersten Gebäudeteilpaket zu unterscheiden. Die Ad-
dition beider Teile der wohnungsspezifischen Kosten ergibt
die Gesamtkosten aller wohnungsspezifischen Kosten eines
Gebäudes.
Bestandsaufnahmeblatt   6
Berechnungsblätter   6 bis 7

AWK-METHODE Ib

Berechnungsblatt:1

GEBÄUDESPEZIFISCHE KOSTEN

Straße, Nr.: *GEBÄUDE D*   Ort, Datum: *BERLIN 30; 20.04. 78*   WE/Ge: *10/5*   WFL: *944m²*

Element-code	Elemente (Bau-,Teilbau-elemente)	Inst.(-)-u.Mod.-kategorien (+) je Teilbauelement (T.B.E.)	BE	Anzahl der BE	AWK je BE		±	AWK je T.B.E.	
					Mat.Kost. DM/BE	Stunden Std./BE		Material DM	Stunden Std.
1.	**GRÜNDUNG**								
1.1.	FUNDAMENTE UND BODENPLATTE	A Anstrich Bodenplatte	m³ (Beton + Estrich)		14,70	1,75	-		
		B neuen Boden liefern u. einbringen			11,40	0,60	-		
		C Estrich auf Unterbeton;25% d. Fl.			9,70	1,40	-		
		D₁ Fundam.-unterfangung,Bodenplatte neu		21,6	137,00	13,20	+	2959,20	285,12
		D₂ Fundament u.Bodenplatte abbr.u.abf.		20,4	15,80	4,90	+	322,32	99,96
1.2.	WAND-ABDICHTUNG	C Sperrputz (Außenwandlänge)	m Wand	21,4	25,10	9,05	-	604,91	278,11
		D₁ elektrophysikal.Mauerwerksentfeucht. (Innen-u.Außenwandlängen)			47,10	1,50	-		
2.	**WAND**								
2.1.	ROHWAND U. SCHORNSTEIN (MAUERWERK)	A Versottung beseitigen,ausbrennen u. ausschleudern (Schornstein)	m³ Mauer-werk		138,00	13,20	-		
		B neu Öffnungen herstellen, incl. Sturz			73,00	16,30	+		
		C Schornstein, incl. Schornsteinkopf			145,00	18,20	+		
		D₁ Mauerwerk neu herstellen, d≥ 24 cm, abzüglich Öffnungen (s. B)			104,00	9,70	+		
		D₂ Mauerwerk (auch Schornstein) ab-reißen u. abfahren			22,60	8,65	+		
2.2.	TRENNWAND d ≤ 12 cm	B alte,leichte Trennwände ergänzen bzw. Öffnungen schließen	m² Wand		22,60	2,20	±		
		C Öffnungen m.Sturz kompl.herstellen (alte u. neue Wand)			8,50	1,10	+		
		D₁ Trennwand (abzüglich Öffnungen; siehe C), Bretterwand neu		73,1	26,70	1,25	+	1951,77	91,38
		D₂ abbrechen u. abfahren		132,8	2,10	0,55	+	278,88	73,04

2.3.	WANDBEKLEI-DUNG INNEN (ohne Treppenhaus)	A Anstrich,Paneel,Tapete,Fliesen	m²		4,10	0,30	±		
		C zerstörten Putz in Teilfläch.einer Wandseite ausbess.,incl.abschlagen			6,00	1,15	±		
		D₁ Neuputz herstellen (Mindestfläche eine Wandseite)			3,50	0,60	±		
		D₂ Putz (auch Wandfliesen)abschlagen			0,70	0,35	±		
3.	FENSTER U. TÜREN								
3.1.	FENSTER (incl. Balkon tür)	A Anstrich	Stck.		27,00	5,85	−		
		B A+ gangbar machen;evtl.Glas,Wasserschenkel bzw.Schwelle (Balkontür) erneuern;Rolladenkasten rep.;Zinkblech neu		21	88,00	12,20	−	1848,00	256,20
		C B+ Flügel,Wasserschenkel,Schwelle (Balkontür) u.Glas neu;evtl.Latteibrett,Sprossung bzw.Leisten u.Sockel (Balkontür)neu;gilt nicht f.Kellerf.		26	194,00	24,30	−	5044,00	631,80
		D₁ Fenster (auch Kellerfenster) bzw. Balkontür kompl.,Zinkblech neu		39	331,00	25,60	+	12909,00	998,40
		D₂ ausbauen		39	5,60	2,20	+	218,40	85,80
3.2.	AUSSENTÜREN	A Anstrich	Stck.		34,30	8,35	−		
		B A+ gang-u.schließbar machen; Glas neu		4	499,00	28,30	−	1996,00	113,20
		C B+ Zier-Schlagleisten u. Sockel teilweise erneuern			622,00	40,70	−		
		D₁ Durchfahrtstor,Hauseingangstür,Hoftür komplett			1150,00	103,00	+		
		D₂ ausbauen			13,70	4,65	+		

Zwischensumme: 28132,48   2853,01

AWK-METHODE Ib

Berechnungsblatt: 2

GEBÄUDESPEZIFISCHE KOSTEN

Straße, Nr.: *GEBÄUDE D*   Ort, Datum: *BERLIN 30; 20.04.78*   WE/Ge: *10/5*   WFL: *944 m²*

Element-code	Elemente (Bau-,Teilbau-elemente)	Inst.(-)-u.Mod.-kategorien (+) je Teilbauelement (T.B.E.)	BE	Anzahl der BE	AWK je BE Mat.Kost. DM/BE	Stunden Std./BE	±	AWK je T.B.E. Material DM	Stunden Std.
3.3.	INNENTÜREN (Wohnungs-, Zimmer- u. Stahltüren)	A Anstrich			18,30	2,75	-		
		B A+ gang-u. schließbar machen; evtl. Schwelle erneuern			49,30	7,75	-		
		C B+ Teilerneuer.,z.B.v.Füllungen,Kehl-stöße,Sockeln,Bekleid. u. Futtern	Stck.		127,00	16,80	-		
		D_1 Türen,incl.Fertigtürelemente,komplett		9	257,00	9,60	+	2313,00	86,40
		D_2 ausbauen		5	5,10	1,60	+	25,50	8,00
4.	DECKE								
4.1.	ROHDECKE	A Holzschutz			6,50	0,75	-		
		C Balken-Verstärkung, Holzschutz	m²	162	42,90	4,95	-	6949,80	801,90
		D_1 Holzbalken-bzw.Stahlbetondecke neu			39,20	2,50	+		
		D_2 ausbauen			3,90	1,15	+		
4.2.	BODENBELAG	A Anstrich bzw. Versiegelung			3,60	0,45	-		
		C Spanplatte+PVC bzw.Diel.+A,bzw.Rauhsp.	m²	33	19,70	1,10	±	650,10	30,30
		D_1 Estrich + PVC bzw. Fliesen			43,10	2,25	+		
		D_2 aufnehmen (Dielung, Parkett etc.)		106	1,10	0,60	+	116,60	63,60
5.	TREPPENHAUS								
5.1.	TREPPENLÄUFE, -PODESTE U. -GELÄNDER	A Anstrich Tr.läufe,-pod.u.geländer; Handläufe (KG)			124,00	21,00	-		
		B A+ Stufenkanten u.Geländer bzw.Massiv-stufen ausbess.,PVC neu (auch Pod.)	Geschoß auch KG	6	582,00	49,30	-	3492,00	295,80
		C A+ Holz-(Beton-)stufen,Dielung u.PVC neu, incl. Geländerteilerneuerung			1570,00	179,00	-		
		D_1 Geschoß-bzw. Kellertreppe sowie Geländer und Handläufe neu			2420,00	237,00	+		
		D_2 Treppe, incl. Geländer abbauen		1	79,00	29,60	+	79,00	29,60

5.2.	DECKEN- UND WANDBEKLEIDUNG	A Anstrich		363	4,90	0,55	-	1778,70	199,65
		C Putz in kleinen Flächen + Anstrich			9,10	1,60	-		
		D_1 Putz,incl. Anstrich	m²	201,6	7,90	1,20	+	1592,64	241,92
		D_2 Putz abschlagen		201,6	0,60	0,35	+	120,96	70,56
5.3.	PERSONENAUFZUG U. TREPPENHAUS -EINBAUTEN	C Briefkasten,Info-Tafel,Fußabtreter	Gesamt-wohnge-schosse	5	270,00	3,90	+	1350,00	19,50
		D_1 Personenaufzug (außen) neu			10800,00	612,00	+		
		D_2 Toilettenanlagen (Podest)ausbauen		5	19,40	6,70	+	97,00	33,50

6.	DACH

6.1.	DACH-KONSTRUKTION	A Holzschutz			2,00	0,30	-		
		B A+ Auswechslung (8% d.Gesamtlänge) u. Verstärkung (8% d.Gesamtlänge)	Gesamt-dachfl. -m²-	57,3	5,70	0,65	-	326,61	37,25
		C A+ Auswechslung (15% d.Gesamtlänge) u. Verstärkung (15% d.Gesamtlänge)		226,7	8,50	0,90	-	1926,95	204,03
		D Dachkonstruktion komplett neu			20,70	2,05	+		
6.2.	DACHHAUT UND DACHENT-WÄSSERUNG	A Holzschutz und Anstrich d. Gesims-kasten	Gesamt-dachfl. -m²-		0,50	0,05	-		
		B A+ 2 Fallrohre neu u. Ziegel- (8%) oder Pappdach (1 Lage Glasvliesbahn)			5,80	0,75	-		
		C A+ 4 Fallr.;Rinne u.Gesims ausbess.; Ziegel+Latt. (je 20%) od.Pappe neu		143	15,40	1,20	-	2202,20	171,60
		D_1 Dachhaut u.-entwässerung u.-gesims neu			33,10	1,55	+	4733,30	221,65
		D_2 Ziegel-, Pappdach aufnehmen und ab-fahren			2,10	0,65	+	300,30	92,95

7.	FASSADE

7.1.	FASSADENPUTZ, GLATT (Glatt-bzw.Kies -kratzputz)	B Rüstung;Putz 25% ausbessern,Anstrich	Gesamt-fass.fl. -m²-	401	10,70	1,95	-	4290,70	781,95
		C Rüstung;Putz 50% ausbessern,Anstrich			12,30	2,50	-		
		D_1 Rüstung;Putz neu; Anstrich		467	13,50	2,50	-	6304,50	1167,50
		D_2 Putz abschlagen		467	2,40	0,70	-	1120,80	326,90

Zwischensumme: 39770,66 4890,66

AWK-METHODE Ib

GEBÄUDESPEZIFISCHE KOSTEN

Straße, Nr.: *GEBÄUDE D*   Ort, Datum: *BERLIN 30; 20.04.78*   WE/Ge: *10/5*   WFL: *944 m²*

Element-code	Elemente (Bau-,Teilbau-elemente)	Inst.(-)-u.Mod.-kategorien (+) je Teilbauelement (T.B.E.)		B E	Anzahl der BE	AWK je BE Mat.Kost. DM/BE	Stunden Std./BE	±	AWK je T.B.E. Material DM	Stunden Std.
7.2.	WENIG GEGLIE-DERTE FASSADE	B	Rüst.;Stuckfass. 30% ausbess.;Anstrich	Gesamt-fass.fl. -m²-		19,20	4,90	–		
		C	Rüst.;Stuckfass. 65% ausbess.;Anstrich			24,20	6,90	–		
		D	Rüst.;Stuckfass. neu, Anstrich			31,70	9,65	–		
7.3.	REICH GEGLIE-DERTE STUCK-FASSADE	B	Rüst.;Stuckfass. 30% ausbess.;Anstrich	Gesamt-fass.fl. -m²-		25,20	6,70	–		
		C	Rüst.;Stuckfass. 65% ausbess.;Anstrich			30,80	8,85	–		
		D	Rüst.;Stuckfass. neu, Anstrich			37,30	12,00	–		

8.	INSTALLATIONEN									
8.1.	ELEKTRO, GAS F. KOCHHERD	C	Stark-,Schwachstromanlage + E-Herd	Wohn-gesch.-strang		627,00	27,70	+		
		D₁	Stark-,Schwachstromanlage + Gas-Herd		10	694,00	37,20	+	6940,00	372,00
		D₂	Demontage		10	6,20	1,85	+	62,00	18,50
8.2.	BE-U.ENTWÄSSE-RUNGSANLAGE	D₁	Kaltwasser- u. Abwasseranlage	W.-gesch. strang	10	394,00	32,30	+	3940,00	323,00
		D₂	Demontage		10	3,70	0,85	+	37,00	8,50
8.3.	HEIZUNG UND WARMWASSER	D₁	Zuschlag nur für Öl-bzw. Fernheizung Anzahl der Berechnungseinheiten = 0,11 bzw. 0,15 der Gesamt-Wohnfläche	0,11xG-WFL bzw. 0,15xG-WFL (m² WFL)	141,6	51,00	2,30	+	7221,60	325,68
8.4.	BAD/WC-EINBAU-TEN U.LÜFTUNG	D₁	Bad/WC + Lüftung	Raum Bad/WC	10	241,00	7,10	+	2410,00	71,00
							Summe:		88513,74	8862,35

ERGEBNISBLÖCKE

I ZUSAMMENSTELLUNG DER GEBÄUDESPEZIFISCHEN KOSTEN

1. Summen:

	Materialkosten M	Stunden h
	88513,74	8862,35

2. Mat. Kosten (aktuell) M^a $=$ M (1) x Anpassungsfaktor (FBL.6) x Materialzuschlag

$102252,84 = 88513,74 \times 0,979 \times 1,18$

3. Lohnkosten (aktuell) L^a $=$ h (1) x KML a.G. (akt) (FBL.5) x Kosteneinflußfaktor

$249032,04 = 8862,35 \times 28,10 \times$

4. Gebäude Mod.Kost. netto K_G $=$ M^a (2) $+$ L^a (3)

$351284,88 = 102252,84 + 249032,04$

5. Gebäude Mod.Kost. $K_{Gbrutto}$ $=$ K_G (4) $+$ MwSt

$389926,21 = 351284,88^+ 11\%$

6. Wohnfläche WFL : 944 m² WFL

7. Neubaukosten NBK 19.^{77}.. : $1200,00$ $\frac{DM}{m^2\ WFL}$

8. Ge spez.Kost K_G brutto je m² WFL $=$ K_G brutto (5) : WFL (6)

$413,99 = 389926,21 : 944$

9. Ge spez.Kost in % d. NBK (K_G brutto in % d. NBK) $=$ K_G brutto je m² WFL (8) x 100 : NBK 19.^{77}.. (7)

$34,42 = 413,99 \times 100 : 1200,00$

AWK-METHODE Ib

Berechnungsblatt: 4

WOHNUNGSSPEZIFISCHE KOSTEN für alle Wohnungen oder pro Gebäudeteilpaket

Straße, Nr.: *GEBÄUDE D*   Ort, Datum: *BERLIN 30; 20.04.78*   WE/Ge: *10/5*   WFL: *944 m²*

Element-code	Elemente (Bau-,Teilbau-elmente)	Inst.(-)-u.Mod.-kategorien (+) je Teilbauelement (T.B.E.)	BE	Anzahl der BE	AWK je BE Mat.Kost. DM/BE	AWK je BE Stunden Std./BE	±	AWK je T.B.E. Material DM	AWK je T.B.E. Stunden Std.
1.	**WAND**								
1.1.	ROHWAND (MAUERWERK)	B neue Öffnungen herst.,incl. Sturz	m³	7	73,00	16,30	+	511,00	114,10
		D₁ Mauerw.neu herst.,d≤24cm,abzüg.Öffn.		25,3	104,00	9,70	+	2637,20	245,41
		D₂ Mauerwerk abreißen u. abfahren		65,7	22,60	8,65	+	1258,82	481,81
1.2.	TRENNWAND d ≤ 12 cm	B alte,leichte Trennwände ergänzen bzw. Öffnungen schließen	m² Wand		22,60	2,20	±		
		C Öffnungen m.Sturz komplett herstellen (alte u. neue Wand)			8,50	1,10	+		
		D₁ Trennwand (abzüglich Öffnungen siehe C), Bretterwand neu		478,6	26,70	1,25	+	12778,62	598,25
		D₂ abbrechen u. abfahren		207,5	2,10	0,55	+	435,75	114,13
1.3.	WANDBEKLEIDUNG INNEN	A Anstrich,Paneel,Tapete,Fliesen	m²	3145,40	4,10	0,30	±	12896,14	943,62
		C zerstörten Putz in Teilfläch.einer Wandseite ausbess.,incl. abschlagen		134,4	6,00	1,15	±	806,40	154,56
		D₁ Neuputz herstellen (Mindestfläche: eine Wandseite)		268,8	3,50	0,60	±	940,80	161,28
		D₂ Putz (auch Wandfliesen) abschlagen		256,0	0,70	0,35	±	179,20	89,60
2.	**TÜREN**								
2.1.	INNENTÜREN (Wohnungs-, Zimmer- und Stahltüren)	A Anstrich	Stck.		18,30	2,75	-		
		B A+ gang-u. schließbar machen; evtl. Schwelle erneuern		54	49,30	7,75	-	2662,20	418,50
		C B+ Teilerneur.,z.B.v. Füllungen,Kehl -stöße,Sockeln,Bekleid. u. Futtern			127,00	16,80	-		
		D₁ Türen,incl.Fertigtürelemente,kompl.		22	257,00	9,60	+	5654,00	211,20
		D₂ ausbauen			5,10	1,60	+		

3.	DECKE								
3.1.	BODENBELAG	A Anstrich bzw. Versiegelung			3,60	0,45	-		
		C Spanplatte+PVC bzw.Diel.+A	m²	658	19,70	1,10	±	12962,60	723,80
		D_1 Estrich + PVC bzw. Fliesen		58	43,10	2,25	+	2499,80	130,50
		D_2 aufnehmen (Dielung, Parkett etc.)		190	1,10	0,60	+	209,00	114,00
3.2.	DECKENBE-KLEIDUNG	A Anstrich, incl. Stuckanteil		495	1,80	0,30	-	891,00	148,50
		B A+ Glasvlies,Stuckteile nachschraub.		250	4,50	0,60	-	1125,00	150,00
		C abgehängte Gipskartonpl.bzw.Hängebod.	m²	15	29,30	1,25	+	439,50	18,75
		D_1 Putz auf Putzträger + Stuckanteil		193	9,70	2,00	+	1872,10	386,00
		D_2 abschlagen		220	1,30	0,50	+	286,00	110,00
3.3.	BALKON	B Estr.+Isolier.;Brüstung repa.;Trenn-wand,Seitenteile,Ablauf erneuern	Balkon-breite -m-	17,8	92,00	9,80	-	1637,60	174,44
		C wie B,jedoch zusätzl.Trägerauflager entrosten u. streichen			99,00	12,70	-		
		D_1 Decke u.Brüstung;Trennwand,Seiten-teil, Ablauf komplett			176,00	17,80	+		
		D_2 abbauen			9,20	5,00	+		

4.	INSTALLATIONEN U.EINBAUTEN								
4.1.	ELEKTRO, GAS F. KOCHHERD	C Stark-,Schwachstromanl.+Elek.-Herd			1120,00	58,00	+		
		D_1 Stark-,Schwachstromanl.+Gas-Herd	WE	10	1050,00	56,00	+	10500,00	560,00
		D_2 Demontage		10	17,60	5,85	+	176,00	58,50
4.2.	BE-U.ENTWÄSSE-RUNGSANLAGE	D_1 Kaltwasser- u. Abwasseranlage	WE	10	278,00	26,00	+	2780,00	260,00
		D_2 Demontage		10	29,00	7,80	+	290,00	78,00
4.3.	HEIZUNG U. WARMWASSER	D_1 Zentralheizung u.Warmwasser	m²	944	51,00	2,30	+	48144,00	2171,20
		D_2 Demontage: Kachelöfen,Warmwasser	WFL	944	1,10	0,25	+	1038,40	236,00
4.4.	KÜCHEN-, BAD/WC-EINBAU-TEN U.LÜFTUNG	C Küchen-Einbauten + Lüftung	Küche bzw. Bad/WC	10	1310,00	13,50	±	13100,00	135,00
		D_1 Bad/WC -Einbauten + Lüftung		10	657,00	17,60	+	6570,00	176,00
		D_2 Objekte in Küche oder Bad ent-fernen (Räume= Küchen + Bäder)	Raum	10	52,00	8,50	±	520,00	85,00

Summe: 145795,33 9248,15

AWK-METHODE I b

II   ZUSAMMENSTELLUNG DER WOHNUNGSSPEZIFISCHEN KOSTEN für alle Wohnungen oder pro Gebäudeteilpaket(GTP)

1. Summen	Materialkosten M $145795,33$		Stunden h $9248,15$
2. Mat.kosten (aktuell) M^a = $168425,68$ = $145795,33$	M (1) x Anpassungsfaktor F.BL.6 x $0,979$	x	Materialzuschlag $1,18$
3. Lohnkosten (aktuell) L^a = $259873,01$ = $9248,15$	h (1) x KML a.G. (akt.) F.BL.5 x $28,10$	x	Kosteneinflußfaktor
4. Wohnungsspez.Kost.netto K_w = $428298,69$ = $168425,68$	M^a (2) + L^a (3) + $259873,01$		
5. Wo spez.Kost K_w brutto = $475411,55$ = $428298,69$	K_w (4) + $47112,86$	+ MwSt 11%	
6. Wohnfläche WFL : 944 m² WFL		7. Neubaukosten NBK 19.77 : $1200,00 \frac{DM}{m^2 WFL}$	
8. Wo spez.Kost K_w brutto je m² WFL = $503,61$	K_w brutto (5) $475411,55$	: WFL (6) : 944	
9. Wo spez.Kost in % d. NBK (K_w brutto in % d. NBK) = $41,97\%$ =	K_w brutto je m² WFL (8) x 100 : $503,61$ x 100 :	NBK 19.77 (7) $1200,00$	

III   ZUSAMMENSTELLUNG DER WOHNUNGSSPEZIFISCHEN KOSTEN FÜR ALLE GEBÄUDETEILPAKETE (GTP)EINES BAUWERKS

1. Wo spez. Kost. $K_{w\ brutto}$ $= \sum_{i=1}^{n=3} K_{w\ brutto}^{i}$ je GTP i (II/5)

    $475411,55$ $=$ $475411,55$

2. Wohnfläche WFL : 944 m² WFL

3. Neubaukosten NBK 19.77. : $1200,00$ $\frac{DM}{m²\ WFL}$

4. Wo spez. Kost. $K_{w\ brutto}$ je WFL $=$ $K_{w\ brutto}$ (1) : WFL (2)

    $503,61$ $=$ $475411,55$: $944\ m^2$

5. Wo spez. Kost. in % d. NBK $=$ $K_{w\ brutto}$ je m² WFL (4) x 100 : NBK 19.77. (3)
    ($K_{w\ brutto}$ in % d. NBK)

    $41,97\ \%$ $=$ $503,61$ x 100 : $1200,00$

IV   ZUSAMMENSTELLUNG DER WOHNUNGS- UND GEBÄUDESPEZIFISCHEN KOSTEN EINES BAUWERKS

1. Gesamt.-Mod.Kost. K_{netto} $=$ $K_{G\ netto}$ (I 4) $+ \Sigma K_{w\ netto}$ (Σ II/4)

    $779527,37$ $=$ $351228,68$ $+$ $428298,69$

2. Gesamt.-Mod.Kost. K_{brutto} $=$ $K_{G\ brutto}$ (I 5) $+$ $K_{w\ brutto}$ (II/5 oder III/1)

    $865275,38$ $=$ $389863,83$ $+$ $475411,55$

3. Gesamt-Mod.Kost. in % d. NBK $=$ $K_{G\ brutto}$ in % d. NBK (I/9) $+$ $K_{w\ brutto}$ in % d.NBK (II/9 oder III/5)

    $76,38\%$ $=$ $34,41\%$ $+$ $41,97\%$

Entscheidung : MODERNISIERUNG

7.4.2 AWK-Methode II (Kostenberechnung)

7.4.2.1 AWK-Methode IIa – Grundaufbau

Aus Vereinfachungsgründen wird der erste Informationskomplex hier nicht weiter aufgelistet (vgl. Abschnitt 7.4.1.1 AWK-Methode Ia).

AWK-METHODE IIa Berechnungsblatt: 1

Straße, Nr.: GEBÄUDE D   Ort, Datum: BERLIN 30; 20.04.78   WE/Ge: 10/5   WFL: 944 m²

Element-code	Elemente (Bau-,Teilbau-Unterelemente)	Inst.(-)-u.Mod.-kategorien (+) je Unterelement (U.E.)	BE	Anzahl der BE	AWK je BE Mat.Kost. DM/BE	AWK je BE Stunden Std./BE	±	AWK je U.E. Material DM	AWK je U.E. Stunden Std.
1.	GRÜNDUNG								
1.1.	FUNDAMENTE U. BODENPLATTE								
1.1.1.	Fundamente	D1 Bodenaushub, Fundamente herstellen	m³	1,7	140,00	9,10	+	238,00	15,47
		D2 Fundamente entfernen und abfahren		0,5	21,40	6,70	+	10,70	3,35
1.1.2.	Fundament-unterfangung	D1 Bodenaushub,Unterfangungsfund. herst.	m³		187,00	14,90	+		
		D2 neuen Boden lief. u. einbringen			11,40	0,60	+		
1.1.3.	Bauwerks-sohle	A Anstrich	m²		1,60	0,20	-		
		B Estrich auf Unterbet.,ca. 25% d.Fl.			1,10	0,15	-		
		D1 Betonboden + Estrich neu		199,4	14,70	1,50	+	2931,80	299,10
		D2 Untergrund abbrechen und abfahren		199,4	1,60	0,50	+	319,04	99,70
1.2.	WAND-ABDICHTUNG								
1.2.1.	Wandabdicht.-senkrecht	D Sperrputz, Anstrich; Aushub und Verfüllung	m²	48,2	12,50	4,50	-	602,50	216,90
1.2.2.	Wandabdicht.-waagerecht	D1 elektr. Mauerwerksentfeuchtung (Innen- u. Außenwandlängen)	m		47,10	1,50	-		
2.	WAND								
2.1.	ROHWAND UND SCHORNSTEIN (MAUERWERK)								
2.1.1.	Mauerwerks-wand d ≥ 24 cm	C neue Öffnungen herstellen (ausstemmen) incl. Sturz komplett	m³	7,0	73,00	16,30	+	511,00	114,10
		D1 Mauerwerk neu herstellen, abzüglich Öffnungen (siehe C)		25,3	104,00	9,70	+	2631,20	245,41
		D2 Mauerwerk (auch Schornstein) abreißen u. abf., jed. keine Öffnungen (s. C)		55,7	22,60	8,65	+	1258,82	481,81

Vom zweiten Informationskomplex werden die Berechnungsblätter 1 bis 7 in einem Beispiel dargestellt.

2.1.2.	Schornstein-zug je Geschoß (2-rohrig)	B ausbrenn.+ausschleud.+ant.Versottung od. nur Versott. beseit. je Geschoß	Stck.		132,00	12,70	–		
		C Schornsteinkopf komplett je 2-rohrigen Gebäudezug			295,00	19,80	+		
		D_1 Schornstein, incl. Schornsteinkopf, komplett je Geschoß			139,00	17,40	±		
		D_2 ausbetonieren je Geschoß			15,90	2,30	–		
2.2.	TRENNWAND d ≦ 12 cm								
2.2.1.	leichte Trennwand	B alte, vorh.,leichte Trennwände ergänzen bzw. Öffnungen schließen	m²		22,60	2,20	–		
		C Öffnungen mit Sturz kompl. herstellen (alte und neue Wand)			8,50	1,10	+		
		D_1 Trennwand neu, (siehe C)		457,6	31,80	1,40	+	14551,68	640,64
		D_2 alte, leichte Trennwand abbrechen und abf., jed.keine Öffnungen (siehe C)		207,5	2,80	0,65	+	581,00	134,88
2.2.2.	Vorsatz-schale	D_1 Vorsatzschale f. Wohnungstrennwand bzw. Installationsschächte	m²	21,0	21,60	1,15	+	453,60	24,15
2.2.3.	Bretterwand ≦ 3 cm	D_1 Verschläge,incl.Türen, neu herstellen	m²	73,1	13,60	0,75	+	994,16	54,83
		D_2 abbrechen und abfahren		132,8	0,70	0,30	+	92,96	39,84
2.3.	WANDBEKLEI-DUNG INNEN								
2.3.1.	Wandputz (ohne Treppenhaus)	C zerstörten Putz in Teilflächen einer Wandseite ausbess.;incl. abschlagen	m²	134,4	6,00	1,15	–	806,40	154,56
		D_1 Neuputz herstellen (Mindestfläche: eine Wandseite)		268,8	3,50	0,60	±	940,80	161,28
		D_2 Putz (auch Wandfliesen) abschlagen		256,0	0,70	0,35	±	179,20	89,60
2.3.2.	Wand-Oberflä-chenabschluß (ohne Treppenhaus)	A_1 Anstrich bzw. Wandpaneel	m²	508,5	2,00	0,20	±	1017,00	101,70
		A_2 Tapete		2604,9	4,00	0,20	–	10419,60	520,98
		A_3 Wandfliesen		32,0	13,70	1,65	+	438,40	52,80
							Zwischensumme:	38977,24	3451,10

AWK-METHODE IIa

Berechnungsblatt: 2

Straße, Nr.: *GEBÄUDE D*		Ort, Datum: *BERLIN 30, 20.04.78*	WE/Ge: *10/5*					WFL: *944 m²*	
Element-code	Elemente (Bau-,Teilbau-Unterelemente)	Inst.(-)-u.Mod.-kategorien (+) je Unterelement (U.E.)	BE	Anzahl der BE	AWK je BE		±	AWK je U.E.	
					Mat.Kost.	Stunden		Material	Stunden
					DM/BE	Std./BE		DM	Std.
3.	FENSTER U. TÜREN								
3.1.	FENSTER								
3.1.1.	Einfachfenster (z.B. Treppenhausfenster)	A Anstrich	Stck.		15,20	3,80	-		
		B A+ gangbar machen; evtl. Glas bzw. Wasserschenkel neu; Zinkbl. neu		4	117,00	10,60	-	468,00	42,40
		C B+ Flügel,Wasserschenkel u.Glas neu; evtl. Sprossung bzw.Latteibrett neu			195,00	19,70	-		
		D₁ Einfach-bzw. Vorsatzfenster komplett, Zinkblech neu		1	349,00	23,90	+	349,00	23,90
		D₂ ausbauen		21	5,30	2,05	+	111,30	43,05
3.1.2.	Kastendoppel-fenster	A Anstrich	Stck.		29,20	6,50	-		
		B A+ gangbar machen; evtl.Glas, Wasserschenkel neu,Rolladenk.repa. Zinkblech		13	87,00	13,10	-	1131,00	170,30
		C B+ Flügel, Wasserschenkel und Glas neu; evtl. Latteibrett erneuern		16	186,00	24,90	-	2976,00	398,40
		D₁ Fenster komplett, Zinkblech neu		4	409,00	34,70	+	1636,00	138,80
		D₂ ausbauen		13	6,20	2,30	+	80,60	29,90
3.1.3.	Balkontür	A Anstrich	Stck.		45,10	8,50	-		
		B A+ gangbar machen; evtl. Glas, Wasserschenkel bzw. Schwelle neu; Zinkblech		4	118,00	17,30	-	472,00	69,20
		C B+ Schwelle, Wasserschenkel u. Glas neu; evtl. Leisten u. Sockel neu			196,00	24,20	-		
		D₁ Balkontür komplett, Zinkblech neu		2	519,00	44,70	±	1038,00	89,40
		D₂ ausbauen		2	5,30	2,05	±	10,60	4,10
3.1.4.	Verbundfenst.	D₁ Verbundfenster komplett,Zinkblech neu	Stck.	29	357,00	27,10	+	10353,00	785,90

Pos.	Bauteil	Maßnahme	Einheit	Menge					
3.1.5.	Kellerfenster und Licht-schacht	A Anstrich Kellerfenster			6,70	1,15	-		
		B A+ Fenster gangbar machen; Glas neu			47,40	3,20	-		
		C Kellerfenster kompl. incl. ausbauen	Stck.	10	104,00	6,85	+	1040,00	68,50
		D_1 Kellerfenster+Lichtschacht komplett		3	298,00	8,40	+	894,00	25,20
		D_2 Fenster ausbauen + Lichtschacht abbr.		3	17,30	7,00	+	51,90	21,00
3.2.	AUSSENTÜREN								
3.2.1.	Durchfahrts-tor	A Anstrich			45,40	10,40	-		
		B A+ gang-u.schließbar machen; Glas neu		2	547,00	30,80	-	1094,00	61,60
		C B+ Zier-,Schlagl.,Sockel teilw. neu	Stck.		742,00	45,00	-		
		D_1 Durchfahrtstor komplett			1360,00	113,00	+		
		D_2 ausbauen			18,30	6,10	+		
3.2.2.	Hausein-gangstür	A Anstrich			29,30	8,65	-		
		B A+ gang-u.schließbar machen; Glas neu		1	726,00	35,90	-	726,00	35,90
		C B+ Zier-,Schlagl., Sockel teilw. neu	Stck.		777,00	47,20	-		
		D_1 Hauseingangstür komplett			1430,00	131,00	+		
		D_2 ausbauen			12,20	4,55	+		
3.2.3.	Hoftür (Kelleraußen-tür)	A Anstrich			17,00	4,00	-		
		B A+ gang-u. schließbar machen		1	175,00	15,80	-	175,00	15,80
		C B+ Leisten u. Sockel teilw. erneuern	Stck.		226,00	25,60	-		
		D_1 Hoftür komplett			463,00	53,00	+		
		D_2 ausbauen			5,80	1,70	+		
3.3.	INNENTÜREN								
3.3.1.	Wohnungsein-gangstür	A Anstrich			27,40	4,50	-		
		B A+ gang.-u. Schließbar machen; evtl. Schwelle erneuern		10	112,00	13,10	-	1120,00	131,00
		C B+ Teilerneuerung, z.B.von Füllungen Kehlstößen u.Sockeln; Schwelle neu	Stck.		151,00	18,70	-		
		D_1 Tür komplett; neue Schwelle			366,00	61,00	+		
		D_2 ausbauen			6,00	1,70	+		
3.3.2.	1-flgl.Zimmer -tür (alt)	A Anstrich			13,80	2,00	-		
		B A+ gang-u. schließbar machen; evtl. Schwelle erneuern		24	40,70	6,70	-	976,80	160,80
		C B+ Teilerneuerung, z.B. Bekleidung, Türfutter und Schwelle neu	Stck.		106,00	14,20	-		

Zwischensumme: 24703,20 2315,15

Straße, Nr.: GEBÄUDE D		Ort, Datum: BERLIN 30; 20.04.78 WE/Ge: 10/5						WFL: 944 m²	
Element-code	Elemente (Bau-,Teilbau-Unterelemente)	Inst.(-)-u.Mod.-kategorien (+) je Unterelement (U.E.)	BE	Anzahl der BE	AWK je BE		±	AWK je U.E.	
					Mat.Kost. DM/BE	Stunden Std./BE		Material DM	Stunden Std.
3.3.2.		D_1 Zimmertür, 1-flgl., komplett	Stck.		162,00	27,40	+		
		D_2 ausbauen			4,70	1,50	+		
3.3.3.	2-flgl.Zimmer-tür (alt)	A Anstrich			19,10	2,95	-		
		B A+ gang-u. schließbar machen; evtl. Schwelle erneuern	Stck.	20	56,00	8,95	-	1120,00	179,00
		C B+ Teilerneuerung, z.B. Bekleidung, Türfutter und Schwelle neu			142,00	19,50	-		
		D_1 Zimmertür, 2-flgl., komplett			349,00	38,00	+		
		D_2 ausbauen			5,60	2,05	+		
3.3.4.	Fertigtür-element	D_1 Tür komplett, incl. Zarge (auch Kellertür)	Stck.	22	191,00	4,35	+	4202,00	95,70
3.3.5.	Stahltür (FH-Tür bzw. Klappe)	A Anstrich			10,70	1,65	-		
		B gangbar machen; Anstrich	Stck.		13,50	4,15	-		
		D_1 Tür komplett, incl. Zarge		9	401,00	6,60	+	3609,00	59,40
		D_2 ausbauen		5	6,10	2,05	+	30,50	10,25

4.	DECKE								
4.1.	ROHDECKE								
4.1.1.	Holzbalken-decke (ohne Dielung und Deckenputz)	A Holzschutz, incl.befallene Stakung, Lattung u. Schüttung auswechseln			6,50	0,75	-		
		B A+ einseitige Balken-bzw. Balkenkopf-Verstärkung	m²	162	34,60	3,95	-	5605,20	639,90
		C A+ beidseitige Balken-bzw. Balken-kopf-Verstärkung			45,70	5,30	-		
		D_1 Balken, Staken, Schüttung, Spar-schalung neu			38,50	2,05	+		
		D_2 ausbauen			3,30	1,05	+		
4.1.2.	Massivdecke	D_1 Decke, incl. Nebenarbeiten	m²		39,90	2,90	+		
		D_2 ausbauen			6,30	1,60	+		

Nr.	Gruppe			Einheit	Menge			±		
4.2.	BODENBELAG									
4.2.1.	Holzfußboden (Wohnungen)	A	Anstrich Dielung	m²		3,40	0,40	-		
		B	Versiegelung + Ausbesserung Parkett			7,80	0,60	-		
		C	PVC-Belag auf Spanplatte		468	18,60	1,00	+	8704,80	468,00
		D_1	Dielung komplett		190	21,20	1,30	+	4028,00	247,00
		D_2	Holzfußboden aufnehmen		190	1,10	0,65	+	209,00	123,50
4.2.2.	Estrich mit Belag	C	Schwimmender Estrich + PVC-Belag	m²		15,30	0,55	+		
		D_1	Fliesen auf Estrich + Dichtung		58	50,00	2,65	+	2900,00	153,70
4.2.3.	Rauhspund (Dachboden)	D_1	Bretterfußboden + Laufweg + Dämmung	m²	33	20,40	0,70	+	673,20	23,10
		D_2	aufnehmen		106	1,10	0,45	+	116,60	47,70
4.3.	DECKEN-BEKLEIDUNG									
4.3.1.	Deckenputz, glatt	A	Anstrich	m²	495	1,80	0,25	-	891,00	123,75
		B	Glasvlies und Anstrich		250	4,40	0,50	-	1100,00	125,00
		C	Putz auf Putzträger in Deckenteilfl.			10,30	2,30	-		
		D_1	wie C,jed.Mindestfl.:1 Deckenfläche		189	7,20	1,15	+	1360,80	217,35
		D_2	abschlagen		190	1,00	0,40	+	190,00	76,00
4.3.2.	Deckenputz, gegliedert (Zulage zu 4.3.1.)	A	Anstrich der Stuckelemente	m²		0,40	0,15	-		
		B	Teile nachschrauben; Anstrich			1,00	0,90	-		
		C	Repa. 40%; nachschrauben; Anstrich		193	5,00	1,60	-	965,00	308,80
		D_1	Stuckelemente komplett neu			9,30	2,30	+		
		D_2	abbauen			2,40	0,85	+		
4.3.3.	Abgehängte Decke	D_1	abgeh.Gipskartonpl.(auch Feuchtraum)	m²		24,40	0,80	+		
4.3.4.	Hängeböden	D_1	Hängeboden komplett	m²	15	43,20	2,20	+	648,00	33,00
		D_2	abbauen		30	1,20	0,50	+	36,00	15,00
4.4.	BALKON									
4.4.1.	Balkondecke (Anstrich in Fassade enthalten)	B	Estrich + Isolierung	Balkon-breite -m-	267	28,00	2,60	-	747,60	69,42
		C	B+ Trägerauflager entrost.u.streich.			34,80	5,50	-		
		D_1	Decke komplett			83,00	8,50	+		
		D_2	abbauen			5,00	3,05	+		
4.4.2.	Balkonbrüstung	B	Gitterbrüstung repa.; Trennwand, Seitenteile, Ablauf neu	Balkon-breite -m-		51,00	6,55	-		
		C	Mauerwerksbrüstung repa.;Trennwand, Seitenteile,Geländer,Ablauf neu		17,8	70,00	7,50	-	1246,00	133,50

Zwischensumme: 38382,70 3149,07

Straße, Nr.: *GEBÄUDE D*   Ort, Datum: *BERLIN 30; 20. 04. 78*   WE/Ge: *10/5*   WFL: *944 m²*

Element-code	Elemente (Bau-,Teilbau-Unterelemente)	Inst.(-)-u.Mod.-kategorien (+) je Unterelement (U.E.)	BE	Anzahl der BE	AWK je BE Mat.Kost. DM/BE	AWK je BE Stunden Std./BE	±	AWK je U.E. Material DM	AWK je U.E. Stunden Std.
4.4.2.		D_1 wie C,jed. Mauerwerksbrüstung neu	Balkonbr.		93,00	9,35	+		
		D_2 abbauen	-m-		4,30	1,95	+		
5.	**TREPPENHAUS**								
5.1.	TREPPENLÄUFE, -PODESTE UND -GELÄNDER								
5.1.1.	Geschoß-Treppenlauf	A Anstrich	Stufe		2,00	0,30	-		
		B Stufenkanten; PVC; Anstrich		95	17,10	1,25	-	1624,50	118,75
		C Tritt-,Setzstufe; PVC; Anstrich		5	50,00	5,80	-	250,00	29,00
		D_1 Stahl-Beton-Lauf + C			64,00	7,05	+		
		D_2 abbauen			0,80	0,25	+		
5.1.2.	Geschoß-Treppenpodest	A Anstrich	m²		3,00	0,50	-		
		B PVC; Sockelleiste; Anstrich		48,5	17,30	1,45	-	839,05	70,33
		C Dielung u.Fußleisten;PVC; Anstrich			47,70	5,15	-		
		D_1 Konstruktion und Aufbau			87,00	8,25	+		
		D_2 abbrechen			5,00	1,70	+		
5.1.3.	Keller-Treppenlauf bzw. -podest (auch Hauseingang, Durchfahrt)	B Steinfußboden ausbessern	Stufe		14,80	1,05	-		
		C Stufe m.Estr.,PVC od.Steinfußbod. neu		16	34,40	2,10	+	550,40	33,60
		D_1 Stahl-Bet.-Treppenlauf + Massivstufe			28,60	2,40	-		
		D_2 abbrechen		8	5,60	1,60	-	44,80	12,80
5.1.4.	Treppengeländer (Holz)	A schützen; Anstrich	Wohn-geschoß		48,40	8,75	-		
		B Reparatur; schützen; Anstrich		5	141,00	15,60	-	705,00	78,00
		C abbauen; Geländer 25% neu, Anstrich			266,00	33,70	-		
		D_1 Geländer komplett neu			441,00	34,90	+		
		D_2 abbauen			9,00	6,80	+		
5.1.5.	Geländer bzw. Handlauf (Metall)(Keller- u.Treppenhauseingang)	A Anstrich	-m- Geländer bzw. Hdlauf	6,9	1,70	0,30	-	11,73	2,07
		C Handlauf neu (Metall, evtl. Holz) +A			8,90	2,00	+		
		D_1 Geländer komplett neu (Metall)			60,00	6,50	+		
		D_2 abbauen			1,00	0,50	+		

5.2.	DECKEN -UND WANDBEKLEIDUNG								
5.2.1.	Deckenputz (u.Anstrich)	A Anstrich	m²	215	1,60	0,30	-	344,00	64,50
		C A+ Putz in kleinen Flächen			6,50	1,85	-		
		D₁ A+ Putz (min.Fl.:2Läufe+2Podeste pro			4,40	1,10	+		
		D₂ Putz abschlagen /Gesch.			1,00	0,40	+		
5.2.2.	Wandputz (u.Anstrich)	A Anstrich	m²	148	6,00	0,65	-	888,00	96,20
		C Putz in kl. Flächen + Anstrich			9,90	1,50	-		
		D₁ Putz incl.Anstrich(min.Fl.:1Wands.)		201,6	9,10	1,20	+	1834,56	241,92
		D₂ Putz abschlagen			0,50	0,30	+		
5.3.	AUFZUG UND TREPPENHAUS-EINBAUTEN								
5.3.1.	Personenaufzug	D₁ Personenaufzug (außen) neu	Ges.wohn-gesch.		10800,00	612,00	+		
5.3.2.	Treppenhaus-einbauten	D₁ Briefkasten,Info-Tafeln,Fußabtreter	Ges.wohn-gesch.	5	270,00	3,90	+	1350,00	19,50
		D₂ Toilettenanlagen (Podest) ausbauen		5	19,40	6,70	+	97,00	33,50
6.	DACH								
6.1.	DACH-KONSTRUKTION								
6.1.1.	Dachstuhl (Dachver-bandsholz)	A Holzschutz	Gesamt-dach-fläche -m²-		2,00	0,30	-		
		B A+ Auswechslung (8% d.Gesamtlänge) u. Verstärkung (8% d. Gesamtlänge)		57,3	5,70	0,65	-	326,61	37,25
		C A+ umfangr.Auswechsl. (15% d.Gesamt-länge) u.Verstärk. (15% d.Ges.l.)		226,7	8,50	0,90	-	1926,95	204,03
		D Dachkonstruktion komplett neu			20,70	2,05	+		
6.2.	DACHHAUT U. DACHENTWÄSS.								
6.2.1.	Ziegel	B Ziegel ca. 8% reparieren	Gesamt-dach-fläche -m²-		2,10	0,65	-		
		C Ziegel + Lattung, ca. je 20% neu		143	10,90	0,85	-	1558,70	121,55
		D₁ Ziegel + Dachlatten neu		143	24,00	1,00	+	3432,00	143,00
		D₂ Ziegel + Dachlattung aufn. u. abf.		143	1,50	0,45	+	214,50	64,35

Zwischensumme: 15997,80 1370,35

AWK-METHODE IIa

| Straße, Nr.: GEBÄUDE D | | Ort, Datum: BERLIN 30; 20.04.78 WE/Ge: 10/5 | | | | | | WFL: 944 m² |

Element-code	Elemente (Bau-,Teilbau-Unterelemente)	Inst.(-)-u.Mod.-kategorien (+) je Unterelement (U.E.)	BE	Anzahl der BE	AWK je BE Mat.Kost. DM/BE	AWK je BE Stunden Std./BE	±	AWK je U.E. Material DM	AWK je U.E. Stunden Std./BE
6.2.2.	Asbestzement (Wellplatten)	D₁ Asbestzement; Fenster anteilig	Ges.d.fl -m²-		18,90	0,55	+		
6.2.3.	Pappdach	B 1 Lage Glasvliesbahn + Laufbohlenanl.	Gesamt-dach-fläche -m²-		4,00	0,20	-		
		C Dachpappe +Fenster +Schalung anteil.			9,40	0,75	-		
		D₁ neues Pappdach			20,70	0,80	+		
		D₂ Pappdach u. Schalung abbauen			2,90	0,70	+		
6.2.4.	Dachentwässe-rung und Dachgesims	A Holzschutz + Anstrich d.Gesimskastens	Gesamt-trauf-länge -m-		3,00	0,30	-		
		B A+ 2 Fallrohre neu			19,40	1,45	-		
		C A+ 4 Fallr.; Rinne u.Gesims ausbess.		38	41,90	3,20	-	1592,20	121,60
		D Dachentwässer. +Dachgesims kompl.neu			76,00	5,50	+		
7.	FASSADE								
7.1.	FASSADENPUTZ GLATT								
7.1.1.	Glattputz	B Rüstung; Putz 25% ausbessern; Anstr.	Gesamt-fass.-fläche -m²-		10,50	1,80	-		
		C Rüstung; Putz 50% ausbessern; Anstr.			11,80	2,40	-		
		D₁ Rüstung; Putz neu; Anstrich			12,80	2,35	-		
		D₂ Putz abschlagen			2,40	0,70	-		
7.1.2.	Kieskratzputz	B Rüstung; Putz 25% ausbessern; Anstr.	Gesamt-fass.-fläche -m²-	401	10,70	1,95	-	4290,70	781,95
		C Rüstung; Putz 50% ausbessern; Anstr.			12,40	2,50	-		
		D₁ Rüstung; Putz neu; Anstrich		467	13,60	2,55	-	6351,20	1190,85
		D₂ Putz abschlagen		467	2,40	0,70	-	1120,80	326,90
7.2.	WENIG GEGLIED. FASSADE								
7.2.1.	Einfach gegl. Fassade (Stufe I)	B Rüst.;Stuckfass.30% ausbess.;Anstr.	Gesamt-fass.-fl.-m²-		16,20	3,80	-		
		C Rüst.;Stuckfass.65% ausbess.;Anstr.			18,60	5,00	-		
		D Rüst.;Stuckfass. neu; Anstrich			24,20	6,25	-		
7.2.2.	Gegliederte Fassade (Stufe II)	B Rüst.;Stuckfass.30% ausbess.;Anstr.	Gesamt-fass.-fl.-m²-		19,60	5,05	-		
		C Rüst.;Stuckfass.65% ausbess.;Anstr.			24,80	7,15	-		
		D Rüst.;Stuckfass. neu; Anstrich			32,50	10,00	-		

7.3.	REICH GEGLIED. FASSADE								
7.3.1	Stark gegl. Fassade (Stufe III)	B Rüst.;Stuckfass.30% ausbess.;Anstr.	Gesamt-fass.-fl.-m²-		24,80	6,30	-		
		C Rüst.;Stuckfass.65% ausbess.;Anstr.			30,50	8,45	-		
		D Rüst.;Stuckfass. neu; Anstrich			36,90	11,50	-		
7.3.2.	Sehr stark gegl.,plast. ausgepr.Fass. (Stufe IV)	B Rüst.;Stuckfass.30% ausbess.;Anstr.	Gesamt-fass.-fl.-m²-		26,50	8,45	-		
		C Rüst.;Stuckfass.65% ausbess.;Anstr.			33,00	10,30	-		
		D Rüst.;Stuckfass. neu; Anstrich			39,00	14,30	-		
8.	INSTALLATIONEN UND EINBAUTEN								
8.1.	ELEKTRO, GAS F. KOCHHERD								
8.1.1.	Elektro -gebäudespez.-	D Licht-,Kraft-,Ant.-,Klingel- und Telefoninstallation	Wohngeschoß	5	1250,00	55,00	+	6250,00	275,00
8.1.2.	Elektro -wohnungs= spezifisch-	C Elektro-Herde mit Anschlüssen	m² WFL		4,90	0,05	+		
		D Licht-,Kraft-,Ant.-,Klingel- und Telefoninstallationen (ohne E-Herde)		944	9,80	0,75	+	9251,20	708,00
8.1.3.	Gasinstallat. -gebäudespez.-	D_1 Gasinstallationen für Kochherd	Wohnge.-strang	10	72,00	11,10	+	720,00	111,00
		D_2 Demontage			1,00	0,25	+		
8.1.4.	Gasinstallat. -wohn.-spez.-	D_1 Gasinstallationen für Kochherd	WE	10	322,00	5,40	+	3220,00	54,00
		D_2 Demontage			5,20	1,20	+		
8.2.	BE-U.ENTWÄSSE-RUNGSANLAGE								
8.2.1.	Wasser-u. Ab-wasserinstal. -gebäudespez.-	D_1 Kaltwasser- und Abwasseranlage	Wohn-geschoß-strang	10	394,00	32,30	+	3940,00	323,00
		D_2 Demontage		10	3,70	0,85	+	37,00	8,50
8.2.2.	Wasser-u. Ab-wasserinstal. -wohn.-spez.-	D_1 Kaltwasser- und Abwasseranlage	WE	10	278,00	26,10	+	2780,00	261,00
		D_2 Demontage		10	29,00	7,80	+	290,00	78,00

Zwischensumme: 39843,10   4239,80

AWK-METHODE IIa

Berechnungsblatt: 6

| Straße, Nr.: GEBÄUDE D | | Ort, Datum: BERLIN 30; 20.04.78 | | | WE/Ge: 10/5 | | | WFL: 944 m² | |

Element-code	Elemente (Bau-,Teilbau-Unterelemente)	Inst.(-)-u.Mod.-kategorien (+) je Unterelement (U.E.)	BE	Anzahl der BE	AWK je BE		±	AWK je U.E.	
					Mat.Kost. DM/BE	Stunden Std./BE		Material DM	Stunden Std.
8.3.	HEIZUNG UND WARMWASSER								
8.3.1.	Heizungsinst. -wohn.-spez.-	D₁ Sammelheizung	m² WFL	944	19,60	1,20	+	18502,40	1132,80
		D₂ Demontage alter Kachelöfen (3 je WE)		944	1,00	0,20	+	944,00	188,80
8.3.2.	Zentralhei-zungsanlage -geb.-spez.-	D₁ Zentralheizungsanlage -Gas-(Öl-bzw. Fernheizung ca.25% bzw.35% Zuschlag)	Gebäude	1,35	20000,00	525,00	+	27000,00	708,75
		D₂ Demontage Heizkessel			70,00	16,20	+		
8.3.3.	Warmwasser	D₁ Warmwasseranlage komplett	Wohnge.-strang	10	411,00	29,40	+	4110,00	294,00
		D₂ Demontage, wohnungsspezifisch			2,90	0,70	+		
8.4.	KÜCHEN-,BAD/WC-EINBAUTEN UND -LÜFTUNG								
8.4.1.	Kücheneinbauten	D₁ Einbaumöbel,Spüle,Speiseschrankentlüft.	Raum	10	1190,00	11,10	-	11900,00	111,00
		D₂ Kochmasch.,Herd,Fensterschrank entf.		10	66,00	12,00	-	660,00	120,00
8.4.2.	Badeinbauten	D₁ Badewanne,Waschtisch,WC komplett	Raum	10	624,00	16,20	+	6240,00	162,00
		D₂ Objekte ausbauen		10	38,20	4,95	+	382,00	49,50
8.4.3.	Lüftungs-anlage	C Lüftung - Küche	Wohnge.-strang	10	189,00	4,05	+	1890,00	40,50
		D₁ Lüftung - Bad/WC			456,00	14,10	+		
							Summe:	71628,40	2807,35

ERGEBNISBLÖCKE

I   ZUSAMMENSTELLUNG DER GESAMT-MODERNISIERUNGSKOSTEN

		Materialkosten M		Stunden h
1.	Summen:	229532,44		17332,82
2.	Mat.kosten (aktuell) M^a	$=$ M (1) x Anpassungsfaktor (F.BL.6) x Materialzuschlag		
	265160,47	$=$ 229532,44	x 0,979	x 1,18
3.	Lohnkosten (aktuell) L^a	$=$ h (1) x KML a.G. (akt.)(F.BL.5) x Kosteneinflußfaktor		
	487052,24	$=$ 17332,82	x 28,10	x
4.	Gesamt-Mod.kost. K_{netto}	$=$ M^a (2) + L^a (3)		
	752212,71	$=$ 265160,47	+ 487052,24	
5.	Gesamt-Mod.kost. K_{brutto}	$=$ K_{netto} (4) + MwSt 11%		
	834956,11	$=$ 752212,71	+ 82743,40	

AWK – METHODE IIa   Berechnungsblatt: 7

II   AUFGLIEDERUNG IN MODERNISIERUNGSKOSTEN IM ENGEREN SINNE (i.e.S.) U. INSTANDSETZUNGSKOSTEN

Straße, Nr. $GEBÄUDE\ D$ Ort, Datum: $BERLIN, 30; 20.04.78$ WE/Ge: $10/5$ WFL: $944 m^2$

1	Mod.-Anteil$_{i.e.S.}$ (+)	Material$_{Mod.i.e.S.}$ $M_{Mod.i.e.S.}$ $162\,456,10$		Stunden$_{Mod.i.e.S.}$ $h_{Mod.i.e.S.}$ $10288,83$
2	Inst.-Anteil (−)	Material$_{Inst.}$ $M_{Inst.}$ $67076,34$		Stunden$_{Inst.}$ $h_{Inst.}$ $7043,99$

$$\text{Mat.}_{Mod.i.e.S.}\ (\text{aktuell})\ M^a_{Mod.i.e.S.} = M_{Mod.i.e.S}\ (1)\ \times\ \text{Anpassungsfaktor (F.BL.)}\ \times\ \text{Materialzuschlag}$$

3

$$187\,672,54 = 162\,456,10 \times 0,979 \times 1,18$$

$$\text{Lohn}_{Mod.i.e.S.}\ (\text{aktuell})\ L^a_{Mod.i.e.S.} = h_{Mod.i.e.S.}\ (1)\ \times\ \text{KML a.G.(akt.)}\ (\text{F.BL.5})\ \times\ \text{Kosteneinflußfaktor}$$

4

$$289\,116,12 = 10288,83 \times 28,10 \times$$

$$\text{Mod.Kosten}_{i.e.S.}\ (\text{aktuell})\ K^{Mod.}_{netto} = M^a_{Mod.i.e.S.}\ (3)\ +\ L^a_{Mod.i.e.S.}\ (4)$$

5

$$476\,788,66 = 187\,672,54 + 289\,116,12$$

$$\text{Mod.Kosten}_{i.e.S.}\ (\text{aktuell})\ K^{Mod.}_{brutto} = K^{Mod}_{netto}\ +\ \text{MwSt}\ 11\%$$

6

$$529\,235,41 = 476\,788,66 + 52\,446,75$$

$$\text{Mat.}_{Inst.}\ (\text{aktuell})\ M^a_{Inst.} = M_{Inst.}\ (2)\ \times\ \text{Anpassungsfaktor}\ \times\ \text{Materialzuschlag}$$

7

$$77\,487,93 = 67076,34 \times 0,979 \times 1,18$$

8	Lohn$_{Inst.}$ (aktuell)	$L^a_{Inst.}$	=	$h_{Inst.}$	(2)	x	KML a.G. (akt.)		x	Kosteneinflußfaktor
	197936,11		=	7043,99		x	28,10		x	

9	Inst.Kosten (aktuell)	$K^{Inst.}_{netto}$	=	$M^a_{Inst.}$	(7)	+	$L^a_{Inst.}$	(8)
	275424,05		=	77487,93		+	197936,11	

10	Inst.Kosten (aktuell)	$K^{Inst.}_{brutto}$	=	$K^{Inst.}_{netto}$	(9)	+	MwSt 11 %
	305720,69		=	275424,05		+	30296,65

11	Gesamt.-Mod.Kost.	K_{netto}	=	$K^{Mod.}_{netto}$	(5)	+	$K^{Inst.}_{netto}$	(9)
	752212,71		=	476788,66		+	275424,05	

12	Gesamt.-Mod.Kost.	K_{brutto}	=	K_{netto}	(11)	+	MwSt 11 %
	834956,11		=	752212,71		+	82743,40

III. BESTIMMUNG DER VERGLEICHBAREN NEUBAUKOSTEN

durchschnittl. vergleichbare Neubaukosten 1977	1200,00 DM/qm WFL	WFL: 944 qm
Mod.Kosten$_{i.e.S.}$ (aktuell) $\left[K^{Mod}_{brutto} (II/6) \right]$ in DM/qm WFL 560,63	in % vgl. NBK :	46,72 %
Inst.Kosten (aktuell) $\left[K^{Inst}_{brutto} (II/10) \right]$ in DM/qm WFL 323,85	in % vgl. NBK :	26,99 %
Gesamt-Mod.Kost. $\left[K_{brutto} (I/5, II/12) \right]$ in DM/qm WFL 884,48	in % vgl. NBK :	73,71 %
Entscheidung : *MODERNISIERUNG*		

7.4.2.2 AWK-Methode IIc – Gewerkespezifischer AWK-Aufbau

AWK-METHODE IIc

Berechnungsblatt: 1

Straße, Nr. GEBÄUDE D — Ort, Datum: BERLIN 30, 20.04.78 — WE/Ge: 10/5 — WFL: 944 m²

Element-code	Zahl der BE	Gewerke - AWK je BE Mat. DM/BE	Std. Std./BE	Gewerke-Nr.	Material	Stunden
1.1.1.						
D1	1,7	138,00	8,95	1	234,60	15,22
D2	0,5	21,00	6,60	1	10,50	3,30
1.1.2.						
D1		183,00	14,70	1		
D2		11,20	0,60	1		
1.1.3.						
A		1,70	0,20	11		
B		1,10	0,15	1		
D1	199,4	14,50	1,50	1	2891,30	299,10
D2	199,4	1,60	0,50	1	319,04	99,70
1.2.1.						
D1	48,2	12,30	4,45	1	592,86	214,49
1.2.2.						
D1		51,00	1,50	17		
2.1.1.						
C	7,0	71,00	16,10	1	497,00	112,70
D1	25,3	102,00	9,60	1	2580,60	242,88
D2	55,7	22,20	8,55	1	1236,54	476,24
2.1.2.						
B		130,00	12,50	1		
C		33,40	1,95	1		
		2,60	0,20	4		
		6,00	0,65	9		
		129,00	16,30	1		
D1		2,60	0,20	4		
		6,00	0,65	9		
D2		15,60	2,25	1		

Element-code	Zahl der BE	Gewerke - AWK je BE Mat. DM/BE	Std. Std./BE	Gewerke-Nr.	Material	Stunden
2.2.1.						
B		22,20	2,20	1		
C		8,30	1,10	1		
D1	457,6	31,20	1,40	1	14277,12	640,64
D2	207,5	2,79	0,65	1	578,93	134,88
2.2.2.						
D1	21,0	21,20	1,15	1	445,20	24,15
2.2.3.						
D1	73,1	13,40	0,75	1	979,54	54,83
D2	132,80	0,70	0,30	1	92,96	39,84
2.3.1.						
C	134,4	5,90	1,15	1	792,96	154,56
D1	268,8	3,50	0,60	1	940,80	161,28
D2	256,0	0,70	0,35	1	179,20	89,60
2.3.2.						
A1	508,5	2,20	0,20	11	1118,70	101,70
A2	2604,9	4,30	0,20	11	11201,07	520,98
A3	32,0	14,70	2,40	6	470,40	76,80
3.1.1.						
A		16,30	4,25	11		
B	4	2,60	0,75	1	10,40	3,00
	4	8,10	0,65	4	32,40	2,60
	4	77,00	4,95	7	308,00	19,80
	4	13,10	0,35	10	52,40	1,40
	4	16,30	4,25	11	65,20	17,00
C		2,60	0,75	1		
		8,10	0,65	4		
		116,00	12,90	7		
		52,00	1,40	10		
		16,20	4,20	11		

Element-code	Zahl der BE	Gewerke - AWK je BE Mat. DM/BE	Std. Std./BE	Gewerke-Nr.	Material	Stunden
3.1.1.						
D1	1	10,00	4,35	1	10,00	4,35
	1	8,10	0,65	4	8,10	0,65
	1	264,00	15,20	7	264,00	15,20
	1	53,00	1,35	10	53,00	1,35
	1	12,00	2,10	11	12,00	2,10
D2	21	5,20	2,05	1	109,20	43,05
3.1.2.						
A		31,40	7,20	11		
B	13	2,60	0,75	1	33,80	9,75
	13	8,80	0,70	4	114,40	9,10
	13	29,40	4,40	7	382,20	57,20
	13	17,00	0,60	10	221,00	7,80
	13	31,40	7,20	11	408,20	93,60
C	16	2,60	0,75	1	41,60	12,00
	16	8,80	0,70	4	140,80	11,20
	16	77,00	14,20	7	1232,00	227,20
	16	68,00	2,40	10	1088,00	38,40
	16	31,20	7,20	11	499,20	115,20
D1	4	10,50	4,60	1	42,00	18,40
	4	8,80	0,70	4	35,20	2,80
	4	268,00	23,80	7	1072,00	95,20
	4	102,00	2,65	10	408,00	10,60
	4	17,80	2,55	11	71,20	10,20
D2	13	6,00	2,30	1	78,00	29,90
3.1.3.						
A		48,30	9,45	11		
B	4	2,10	0,50	1	8,40	2,00
	4	53,00	7,70	7	212,00	30,80
	4	16,7[illegible]	0,40	10	66,80	1,60
	4	48,30	9,45	11	193,20	37,80
C		2,50	0,70	1		
		5,50	0,45	4		

	1. Bauh.	2. Holz	3. Dach	4. Klemp.	5. P.+St.	6. Flies.	7. Tisch.	8. Drech.	9. Schloss.	10. Glas	11. Anstr.	12. Estr.	13. Luft.	14. Heiz.	15. B+Ew	16. Elek.	17. Abd.
Mat.:	26982,55			330,90		470,40	3470,20			1889,20	13568,77						
Std.:	2885,85			26,35		76,80	374,00			61,15	898,58						

Aus Vereinfachungsgründen wurde der erste Informationskomplex hier nicht weiter aufgeführt (vgl. Abschnitt 7.4.1.1 AWK-Methode I a).
Zur Demonstration des Vorgehens bei der AWK-Methode II c werden lediglich die Berechnungsblätter 1 und 7 vorgestellt.

AWK-METHODE IIc   Berechnungsblatt: 7

ERGEBNISBLOCK

ZUSAMMENSTELLUNG DER GESAMT-MODERNISIERUNGSKOSTEN JE GEWERK UND JE GEBÄUDE

Straße, Nr. GEBÄUDE D   Ort, Datum: BERLIN 30; 20.04. 78   WE/Ge: 10/5   WFL: 944 m2

	Material-kosten	Mat.=zuschl.	An=pass-fakt.	Material=kosten (aktuell) mit Zuschlag	Stun=den	K M L (akt.Kost.f.)	Lohn=kosten	Material=u.Lohnkosten
	DM			DM	Std.	DM	DM	DM
	(1)	(2)	(3)	4=(1)x(2)x(3)	(5)	(6)	(7)=(6)x(5)	(8)=(4)+(7)
1. Bauhaupt	58288,57	1,204	0,979	68705,67	8074,56	28,27	228267,81	296973,48
2. Holzschutz	634,40	1,16	0,979	720,40	116,44	26,76	3115,93	3836,38
3. Dachdecker	5702,40	1,19	0,979	6643,35	359,70	28,50	10251,45	16894,80
4. Klempner	2277,74	1,19	0,979	2653,59	169,99	29,85	5074,20	7727,14
5. Putz + Stuck	2940,72	1,10	0,979	3166,86	478,53	34,35	16437,51	19604,37
6. Fliesen	2312,60	1,10	0,979	2490,44	232,60	19,37	4505,46	6995,90
7. Tischler	28133,60	1,20	0,979	33051,35	1457,70	29,35	42783,50	76834,85
8. Drechsler	1171,60	1,10	0,979	1261,70	119,90	28,29	3511,78	4773,48
9. Schlosser	6535,40	1,11	0,979	7101,95	115,34	28,86	3328,71	10430,66
10. Glaser	4472,20	1,17	0,979	5122,59	112,65	27,77	3060,70	8183,29
11. Anstrich	27227,49	1,10	0,979	29331,28	2867,75	25,46	73012,92	102344,20
12. Estrich	10585,45	1,16	0,979	12021,26	393,60	24,61	9686,50	21707,76
13. Lüftung	——	1,29	0,979	——	——	31,50	——	——
14. Heizung	44774,90	1,19	0,979	52163,21	1380,45	26,14	36084,96	88248,17
15. Be- + Entwäss.	21066,64	1,19	0,979	24542,85	1030,04	25,66	26430,83	50973,63
16. Elektro.	14873,60	1,19	0,979	17327,89	685,70	28,54	19569,88	36897,77
17. Abdicht.	——	1,10	0,9.79	——	——	——	——	——

Σ aller Mat. Kosten: 230997,30

Σ Mat.Kost.(akt):   266304,39

Σ aller Gew.std.:   17584,95

Σ Lohn Kost.: akt.Kost.f.   485122,74

Σ Mod.Kost.: (Kost. f.)   751426,53

Σ Mod.Kost.: + MwSt 11%   834083,45

7.5 Entwicklung der Lohn- und Sozialkosten von 1978 bis 1983

	1978 (Febr.)	1978 (Okt.)	1979 (Jan.)
Berechnungsgrundlagen:			
Arbeitstage:	192	192	192
Lohnfortzahlungspflichtige Tage:	238	238	239
Schlechtwettertage:	20	20	20
Krankheitstage 16 mit, 2 ohne LFZ-Pflicht:	18	18	18
Kosten eines Ausfalltages (in % des Basislohns):	$\frac{100}{192} = 0{,}521$	$\frac{100}{192} = 0{,}521$	$\frac{100}{192} = 0{,}521$
1. *Lohnbasis*:			
Tariflohn:	9,81	10,87	11,63
Bau- und Sommerlohnausgleichsbetrag:	+ 0,39	+ 0,43	+ 0,63
Gesamttariflohn:	= 10,20	= 11,30	= 12,26
+ Übertarif:			
+ Mehrarbeitszuschläge:	+ 36%	+ 36%	+ 36%
+ Erschwerniszuschläge:			
+ Vermögenswirksame Leistungen			
= Effektivlohn (=100%)	= 13,87 = 100%	= 15,37 = 100%	= 16,67 = 100%
ab 1981:			
Anteilig. 13. Monatslohn:	—	—	—
Freiw. soz. Leistungen:	—	—	—
2. *Lohngebundene Kosten in %* *des Grundlohns*:			
2.1 Soziallöhne:			
2.1.1 Gesetzliche und tarifl. Soziallöhne/ Bezahlte arbeitsfreie Tage:			
Feiertage:	3,13 (= 6 · 0,521)	3,13 (= 6 · 0,521)	3,13 (= 6 · 0,521)
Ausfalltage:	2,61 (= 5 · 0,521)	2,61 (= 5 · 0,521)	2,61 (= 5 · 0,521)
Krankheitstage mit LFZ-Anspruch:	8,34 (= 16 · 0,521)	8,34 (= 16 · 0,521)	8,34 (= 16 · 0,521)
	14,08 = 114,08	14,08 = 114,08	14,08 = 114,08
Lohnkosten			
2.2 Tarifl. Sozialkosten:			
Urlaub:	14,15	14,15	
Winterlohnausgleich:	+ 2,65	+ 2,65	
Zusatzversorgung:	+ 0,70	+ 0,70	
Berufsausbildung:	+ 0,50	+ 0,50	
bis 1981:	(18,00)	(18,00)	(19,50)
Anteilig. 13. Monatslohn:	+ 2,30	+ 2,82	+ 3,52
Freiw. soz. Leistungen:	+ …	+ …	+ …
	20,30	20,82	23,02
2.3 Gesetzl. Sozialkosten:			
Krankenversicherung:	5,80	5,80	5,80
Krankenvers. für SWG-Empfänger:	0,90	0,90	0,90
Rentenversicherung:	9,00	9,00	9,00
Rentenvers. f. SWG-Empf.:	—	—	0,19
Arbeitslosenversicherung:	1,50	1,50	1,50
Winterbau-Umlage (ab 1981):			
Bauberufsgenossenschaft			
Unfallvers. Rentenaltlast.			
Konkursausfallrisiko u. Belastung aus dem arbeitsmedizinischen Dienst:	5,12	5,12	5,20
Schwerbeh. Ausgleich:	0,30 22,62	0,29 22,61	0,28 22,87
Arbeitsschutz:	42,92	43,43	45.89
Lohnsteuerpflichtige Wegekostenerstattung:			
ungedeckte Kassenrückvergütung:			
Bezugslohn:	42,94 · 1,1408 = 48,96	43,43 · 1,1408 = 49,54	45,89 · 1,1408 = 52,35
	+ 114,08	+ 114,08	+ 114,08
	163,04	163,62	166,43
abzüglich Lohnbasis:	− 100,00	− 100,00	− 100,00
	63,04	63,62	66,43
zuzüglich Winterbauumlage (3%) mit Sozialkosten (bis 1981):	3,50	3,50	3,50
Lohnsummensteuer:	0,80	0,80	0,00
Bezug auf Lohnkosten:	0,91	0,91	0,00
	67,45	68,03	69,93
	gew. 68%		

für gewerbliche Arbeitnehmer (Bauhauptgewerbe)

1980 (April)	1981 (April)	1982 (April)	1983 (April)
178	172	174	168
240	198	200	192
33	31	30	30
18	16	16	14
$\frac{100}{178} = 0{,}562$	$\frac{100}{172} = 0{,}581$	$\frac{100}{174} = 0{,}575$	$\frac{100}{168} = 0{,}595$
12,69	13,20	13,66	14,16
+ 0,69	+ 0,71	+ 0,74	+ 0,76
= 13,38	= 13,91	= 14,40	= 14,92
+ 36 %	+ 36 %	+ 36 %	+ 36 %
= 18,20 = 100 %	= 18,92 = 100 %	= 19,58 = 100 %	= 20,29 = 100 %
—	5,04	5,48	5,48
—	1,00	1,00	1,00
	106,04	106,48	106,48
3,93 (= 7 · 0,562)	4,07 (= 7 · 0,581)	3,45 (= 6 · 0,575)	4,17 (= 7 · 0,595)
2,81 (= 5 · 0,562)	2,33 (= 4 · 0,581)	2,30 (= 4 · 0,575)	2,38 (= 4 · 0,595)
8,99 (= 16 · 0,562)	8,72 (= 15 · 0,581)	8,63 (= 15 · 0,575)	7,74 (= 13 · 0,595)
15,73 = 115,73	15,12 = 121,16	14,38 = 120,86	14,28 = 120,76
(21,50)	(22,50)	(24,00)	(24,00)
+ 3,78	—	—	—
+ ...	—	—	—
25,28			
5,70	6,05	6,60	6,60
1,27	1,55	1,62	1,61
9,00	9,25	9,00	9,13
0,50	0,59	0,55	0,52 + 0,18 KaGEmpf.
1,50	1,50	2,00	2,30
	3,00	3,00	3,00
5,64	5,10	5,10	5,15
0,27 23,88	0,24	0,27	0,27
49,16	1,20	1,20	1,20
	1,29	0,72	0,78
	0,82 30,59	1,78 31,84	1,92 32,66
	53,09	55,84	66,66
49,16 · 1,1573 = 56,89	53,09 · 1,2116 = 64,32	55,84 · 1,2086 = 67,49	56,66 · 1,2076 = 68,42
+ 115,73	+ 121,16	+ 120,86	+ 120,76
172,62	185,48	188,35	189,18
− 100,00	− 100,00	− 100,00	− 100,00
72,62	85,48	88,35	89,18
3,50	—	—	—
0,00	0,00	0,00	0,00
0,00			
76,12	85,48	88,35	89,18

Glossar

Arbeitsintensität

Die Modernisierung bedingt eine im Vergleich zum Neubau höhere Arbeitsintensität. Dies bezieht sich nicht nur auf den Bedarf an Fach- und Hilfsarbeitern, sondern auch auf den Bedarf an technischen Angestellten. Während im Neubau ein Techniker, z. B. ein Bauführer, je nach Bauobjekt einschließlich der Abrechnung 20 bis 50 gewerbliche Arbeitskräfte betreuen kann, beträgt die Zahl bei Modernisierungsprojekten etwa 6 bis 12. Damit braucht man im Altbau viermal soviel Techniker für die gleiche Anzahl Arbeitskräfte wie im Neubau [48].

Bauvolumen

Setzt sich zusammen aus der Produktion
- des Baugewerbes (Bauhaupt- und Baunebengewerbe);
- einiger Zweige des verarbeitenden Gewerbes (Stahl-, Leichtmetall- bzw. Holzkonstruktionsbau, Bauschlossereien und Tischlereien);
- verschiedenen Dienstleistungen (Architekten- und Ingenieurleistungen);
- sonstiger Bauleistungen wie Außenanlagen, Eigenleistungen der Investoren [8].

Bauvorbereitung

Hierunter sind alle vorbereitenden technischen, wirtschaftlichen oder rechtlichen Maßnahmen zu verstehen, die eine Baudurchführung unter den gegebenen Umständen mit geringsten Kosten ermöglichen [7].

Bauwirtschaft

Im engeren Sinne: umfaßt hier das Baugewerbe mit
- Bauhauptgewerbe und
- Baunebengewerbe, also Ausbau- und Bauhilfsgewerbe.

Im weiteren Sinne: umfaßt in dieser Arbeit im wesentlichen folgende Zweige:
- Baugewerbe (Bauhandwerk);
- Bauindustrie (Baufertigung);
- Baustoffproduktion (Rohstoffgewinnung und -verarbeitung);
- Leistungen von selbständigen Architekten und Ingenieuren [18].

Bruttowertschöpfung
Ist gleich dem Bruttoproduktionswert abzüglich Vorleistungen und „Einfuhrabgaben". Ein guter Maßstab für die Bedeutung eines Wirtschaftszweiges ist u. a. die Bruttowertschöpfung deshalb, weil sie den verzerrenden Einfluß der unterschiedlich hohen Vorleistungen, d. h. vor allem des Materialeinsatzes, eliminiert [14].

Gebäudespezifische Kosten
Diejenigen Kosten, die durch Veränderungen von Art und Umfang der Modernisierung der **Wohnungen** unberührt bleiben, also rein **gebäudespezifisch** sind.

Gebäudeteilpakete
Gebäudeteilpakete entstehen durch Zusammenfassung der Wohnungen der Erd- und Obergeschosse, die senkrecht übereinanderliegen. Durch die Austauschbarkeit von Gebäudeteilpaketen kann mit Hilfe der Planungsvariablen Kosten und Wohnwert eine optimale Gesamtgebäudelösung erzeugt werden.

Gesetz zur Förderung der Stabilität und des Wachstums der Wirtschaft (StWG)
Das im Gesetz aufgeführte übergeordnete Ziel, die Erhaltung des „gesamtwirtschaftlichen Gleichgewichts" wird durch vier Teilziele konkretisiert:
– Hoher Beschäftigungsstand. Gefordert wird eine niedrige Arbeitslosenquote (was **nicht** identisch mit Vollbeschäftigung ist);
– Stabilität des Preisniveaus. Diese Forderung schließt **nicht** Preisschwankungen der Einzelpreise aus – gefordert wird Niveaustabilität;
– Außenwirtschaftliches Gleichgewicht, d. h. ausgeglichene Zahlungsbilanz;
– Stetiges und angemessenes Wirtschaftswachstum. Wachstum muß sowohl quantitativ als auch qualitativ interpretiert werden [79].
Das außenwirtschaftliche Gleichgewicht hat im Rahmen der Altbaumodernisierung keinen nennenswerten Einfluß und kann daher vernachlässigt werden.

Instandsetzung
Instandsetzung im Sinne des ModEnG „ist die Beseitigung von baulichen Mängeln, die infolge Abnutzung, Alterung, Witterungseinflüssen oder Einwirkungen Dritter entstanden sind durch Maßnahmen, die in den Wohnungen den zum bestimmungsgemäßen Gebrauch geeigneten Zustand wiederherstellen" [78].

Konjunktursteuerung
Da die klassischen Konjunktursteuerungsrezepte nach Keynes vorzugsweise bei der Nachfrage und hier wiederum bei den Investitionen ansetzen, hat der Staat über seine eigenen Investitionen, die in der Masse Bauinvestitionen sind, ein unmittelbar wirkendes Instrument zur Verfügung. Insgesamt etwa

ein Drittel aller Bauinvestitionen tätigt der Staat, also Bund, Länder und vornehmlich die Gemeinden.

Daneben gibt es eine Reihe von anderen, zum Teil indirekt wirkenden, Maßnahmen zur Beeinflussung der Entwicklung der gesamten Bauinvestitionen. Zu nennen sind hier beispielhaft eine Variation der Zinssätze oder Veränderungen von Abschreibungsmodalitäten.

Zu den Einzelheiten der klassischen Konjunktursteuerungsrezepte vgl. [17].

Kosten

„Kosten sind Aufwendungen für Güter, Leistungen und Abgaben einschließlich Mehrwertsteuer", nach DIN 276, B. 1; [35].

Massenermittlungen

Sind zu unterscheiden nach:
- VOB-Mengen, also Massen, die nach der VOB oder einschlägigen DIN-Normen festgelegt werden und
- Effektiv-Mengen, also Massen, die aus arbeitstechnischen bzw. konstruktiven Gründen berechnet werden und für die Bereitstellung der Stoffe zu verwenden sind.

Modernisierung

Im Sinne des ModEnG „ist die Verbesserung von Wohnungen durch bauliche Maßnahmen, die den Gebrauchswert der Wohnungen nachhaltig erhöhen oder die „allgemeinen Wohnverhältnisse auf die Dauer verbessern" [78]. Diese Definition nach dem ModEnG wird in dieser Arbeit als Modernisierung im engeren Sinne verstanden und auch so im Text bezeichnet.

Preise

Preise, die Mehrwertsteuer enthalten, sind dem Absatzbereich der Betriebe zuzuordnen und entsprechen den Kosten des Bauwerks [9].

Standardabweichung

$$S = \sqrt{\frac{1}{n-1} \sum_{i=1}^{n} (x_i - \bar{x})^2}$$

x_i = voneinander unabhängige Einzelwerte x_i bis x_n (hier der Basisdaten)
$\bar{x}$ = arithmetisches Mittel

relative Standardabweichung $S_R = S \cdot \dfrac{100}{\bar{x}}$ (%).

Abkürzungen

ABl	Amtsblatt für Berlin	KML a.G.	Kalkulationsmittellohn aller Gewerke
A.e.	Aggregationsebene		
a.G.	aller Gewerke	K_W	Wohnungsspezifische Kosten
AWK	Aufwandskennziffern		
bbr	Baubetriebsberater	L	Lohnkosten
BE	Berechnungseinheit	LE	Leistungseinheit
BGbl	Bundesgesetzblatt	LV	Leistungsverzeichnis
BGH	Bundesgerichtshof		
BPVO	Baupreisverordnung	M	Materialkosten
BRTV	Bundesrahmentarifvertrag	MieterModRl	Mietermodernisierungsrichtlinien
BVB	Besondere Vertragsbedingungen	MittAB	Mitteilungen aus der Arbeits- und Bauforschung
DBZ	Deutsche Bauzeitung	ModEnG	Modernisierungs- und Energieeinsparungsgesetz
FBl	Formblatt		
FH-Tür	Feuerhemmende Tür	Mod.InstRl	Modernisierungs- und Instandsetzungsrichtlinien
FLB	Funktionale Leistungsbeschreibung		
F_M	Kostenanpassungsfaktor der Materialkosten	Mod.Kost.	Modernisierungskosten
		NBK	Neubaukosten
Ge	Geschoß	SenBauWohn	Senator für Bau- und Wohnungswesen
Ge. spez. Kost.	Gebäudespezifische Kosten	S_R	relative Standardabweichung
GWB	Gesetz gegen Wettbewerbsbeschränkungen	StBauFG	Städtebauförderungsgesetz
HOAI	Honorarordnung für Architekten und Ingenieure	StBauFVwV	Allgemeine Verwaltungsvorschrift über den Einsatz von Förderungsmitteln nach dem Städtebauförderungsgesetz
IBR	Informationen zur Baurationalisierung		
i.e.S.	im engeren Sinne	StWG	Gesetz zur Förderung der Stabilität und des Wachstums der Wirtschaft
i.w.S.	im weiteren Sinne		
K_G	Gebäudespezifische Kosten		
KML	Kalkulationsmittellohn	T.B.E.	Teilbauelement

U.E.	Unterelement	W-Gesch.	Wohngeschoß
		WoBauG (II)	Zweites Wohnungs-baugesetz
VOB	Verdingungsordnung für Bauleistungen	WoModG	Wohnungsmoderni-sierungsgesetz
WE	Wohneinheit	Wo.spez.Kost.	Wohnungsspezifische Kosten
WFB 72	Wohnungsbauförde-rungsgesetz vom 07.04.1972	W-str.	Wohngeschoßstrang
WFL	Wohnfläche	ZIP	Programm für Zukunftsinvestitionen
W.u.G.	Wagnis und Gewinn		

Literatur

Bücher und sonstige selbständige Veröffentlichungen

1. Aita, R.; Veit, W.; Schilchegger, W.: Planungs- und Bauablauf, die Steuerung bauwirtschaftlicher und baubetrieblicher Prozesse, In: Ingenieurbauten, Bd. 8. Hrsg.: K. Sattler; P. Stein. Wien, New York 1976
2. Bauer, H.: Skriptum zur Vorlesung Baubetrieb II, TU Berlin 1970
3. Brandenberger, J.; Ruosch, E.: Projekt-Management im Bauwesen. Zürich, Köln-Braunsfeld 1974
4. Dickenbrok, G.: Aufwandskennziffern für Modernisierungsleistungen und ihre Bedeutung für ingenieurökonomische Aufgaben. Diss. TU Berlin 1980, Hauptband, Anlageband I u. II.
5. Dickenbrok, G.; Kreutner, H. V.: Darstellung einer Sanierungsaufgabe am Beispiel eines Wohnhauses in Berlin-Schöneberg mit Entwurfs-, Kosten-, Wohnwert- und Wirtschaftlichkeitsuntersuchungen sowie Finanzierungsmodelle und ihre Auswirkungen. Hrsg.: Lehrgebiet für Bauwirtschaft und Baubetrieb, o. Prof. Dr. K. H. Pfarr, Berlin 1976
6. Dress, G.; Haller, P.; Kochendörfer, B.: Kalkulation von Baupreisen. Wiesbaden, Berlin 1977
7. Drees, G.; Spranz, D.: Handbuch der Arbeitsvorbereitung in Bauunternehmen. Wiesbaden, Berlin 1976
8. Droege, H.: Tendenzen der bauwirtschaftlichen Entwicklung in Berlin (West) bis zum Jahre 1981. Hrsg.: Deutsches Institut für Wirtschaftsforschung Berlin 1977
9. Gutenberg, E.: Grundlagen der Betriebswirtschaftslehre, Bd. 2: Der Absatz, 6. Aufl. Berlin, Göttingen, Heidelberg 1963
10. Hämer, H. W.; Hämer-Buro, M. B.: Altbauerneuerung in Sanierungsgebieten. Berlin 1975
11. Hartmann, B.: Preisbildung und Preispolitik. Stuttgart 1963
12. Hauptverband der Deutschen Bauindustrie e.V. (Hrsg.): Baustatistisches Jahrbuch 1978. Wiesbaden 1978
13. Hauptverband der Deutschen Bauindustrie e.V. (Hrsg.): Baustatistisches Jahrbuch 1979. Wiesbaden 1979
14. Hauptverband der Deutschen Bauindustrie e.V. (Hrsg.): Bauwirtschaft im Zahlenbild 1979. Wiesbaden 1979
15. Heinen, E.: Das Zielsystem der Unternehmung, Grundlagen betriebswirtschaftlicher Entscheidungen. Wiesbaden 1966
16. Kassel, H.: Leistungslohn in der Baupraxis, Voraussetzungen und Durchführung. Wiesbaden, Berlin 1973
17. Keynes, J. M.: The General Theory of Employment, Interest and Money. London, New York 1936. Deutsche Übersetzung: Allgemeine Theorie der Beschäftigung, des Zinses und des Geldes. München, Leipzig 1936

18. Kunz, H.: Bauleitung, Baukosten, 3. Aufl. Dietikon-Zürich 1972
19. Lohmann, M.: Einführung in die Betriebswirtschaftslehre. Tübingen 1964.
20. Mantscheff, J.: Einführung in die Betriebslehre, Teil 1: Verdingungswesen, Werner-Ingenieur-Texte 23. Düsseldorf 1975
21. Mast, H.: Kalkulation und Kostenkontrolle in Bauindustriebetrieben. Diss. TU Berlin 1962
22. Mellerowicz, K.: Kosten und Kostenrechnung, Band II: Verfahren, 3. Aufl. Berlin 1958
23. Paetz, J.: Absatzpolitische Entscheidungen im industriellen Baubetrieb. Diss. TU Berlin 1975
24. Pfarr, K. H.: Baukalkulation auf der Grundlage von fixen und variablen Kosten, Deckungsbeitragsrechnung in der Praxis. Wiesbaden, Berlin 1970
25. Pfarr, K. H.: Betriebswirtschaftslehre des Architekturbüros. Eine Orientierungshilfe zur wirtschaftlichen Führung von Planungsbüros, 2. Aufl. Wiesbaden, Berlin 1973
26. Pfarr, K. H.: Die Bauunternehmung. Wiesbaden, Berlin 1967
27. Pfarr, K. H.: Die Kostenrechnung in der Bauwirtschaft. In: Einsatz der Kostenrechnung in der Unternehmung. Schriften zur Unternehmensführung, Bd. 23. Hrsg.: H. Jacob. Wiesbaden 1977, S. 35–76
28. Pfarr, K. H.: Handbuch der kostenbewußten Bauplanung. Wuppertal 1976
29. Pfarr, K. H.: Honorarfindung nach HOAI – aber wie? Der Honorarbildungsprozeß bei Planungsleistungen aus ökonomischer Sicht. Berlin 1978
30. Sachse, H.; Senf, R.: Handbuch Baupreisrecht. Köln-Braunsfeld 1974
31. Senator für Bau- und Wohnungswesen (Hrsg.): 10. Bericht über Stadterneuerung, 1.1.–31.12.1972, Mitteilungen des Präsidenten des Abgeordnetenhauses von Berlin, Nr. 59, Drucksache 6/1035, Berlin 1973
32. Senator für Bau- und Wohnungswesen (Hrsg.): Historische Stadtgestaltung und Stadterneuerung. Berlin 1975
33. Schönnenbeck, H.: Unternehmensfinanzierung in der Bauwirtschaft, 1. Aufl. Düsseldorf 1968
34. Statistisches Bundesamt (Hrsg.): Fachserie 5, Heft 3, Gebäude und Wohneinheiten – Struktur, Belegung, Modernisierung. Stuttgart, Mainz 1980
35. Winkler, W.: Hochbaukosten, Flächen, Rauminhalte, 4. Aufl., Braunschweig 1976

Aufsätze und Beiträge in Zeitschriften, Sammelwerken und sonstigen Veröffentlichungen

36. Brüdgam, H.: Analyse des Baupreisindex – Konsequenzen für die Anwendungspraxis? Bauwirtschaft, Heft 10, (1977) S. 474–487 (bbr 17–26) Beilage: Der Betriebsberater.
37. Brüggemann, F. H.: Baumarkt – Enfant terrible der Marktwirtschaft? In: Baupreis und Baumarkt. Hrsg.: Th. Küppers, K. H. Pfarr. Wiesbaden, Berlin 1962, S. 13 ff.
38. Bundesminister für Wirtschaft (Hrsg.): Die Bauwirtschaft im wirtschaftlichen Spannungsfeld. Unveröffentl. Manuskr. Bonn 1978, S. 1 ff.
39. Burgert, H.: Über Kosten, Wirtschaftlichkeit und technische Risiken bei der Modernisierung. Sonderheft der Berliner Bauwirtschaft, 7. März 1978, S. 19 f
40. Deutsches Institut für Wirtschaftsforschung (Hrsg.): Wochenbericht 12/83, Berlin, 24.3.1983, S. 156 f.
41. Ehrenberg, H.: Bauwirtschaft und Konjunktur. Der Baumarkt. Hrsg.: Institut für Siedlungs- und Wohnungswesen der Universität Münster. 67 (1967) S. 104

42. Fachgemeinschaft Bau Berlin e.V. (Hrsg.): Lohngebundene Kosten 1978 (1979). In: Anlage 1 zur Information Nr. 40 vom 12.10.1978, Ziffer 69

43. Fachgemeinschaft Bau Berlin e.V. (Hrsg.): Sozialversicherung. In: Anlage 1 zur Information Nr.34/79 vom 10.12.1979

44. Fachgemeinschaft Bau Berlin e.V. (Hrsg.) Informationen für Auftraggeber 39/40 vom 11.12.1980

45. Fachgemeinschaft Bau Berlin e.V. (Hrsg.): Informationen für Auftraggeber vom 21.5.1981

46. Fachgemeinschaft Bau Berlin e.V. (Hrsg.): Informationen für Auftraggeber vom 13.5.1982

47. Fachgemeinschaft Bau Berlin e.V. (Hrsg.): Informationen für Auftraggeber vom 2.5.1983

48. Freymuth, K. D.: Altbaumodernisierung, eine Chance für Mittelbetriebe der Bauwirtschaft? Berliner Bauwirtschaft 29. Jahrg., Sonderheft vom 7. März 1978, S. 21 ff.

49. Küppers, Th.: Der Bauunternehmer zwischen Kosten und Preis. Die Bauwirtschaft, Heft 24 (1959) S. 534 ff.

50. Küppers, Th.: Der Weg zur Partnerschaft auf dem Baumarkt. In: Baupreis und Baumarkt. Hrsg.: Th. Küppers; K. H. Pfarr. Wiesbaden, Berlin 1962, S. 156 f.

51. Küsgen, H.: Wirtschaftliche Altbaumodernisierung. Deutsches Architektenblatt (DAB) 1/77, S. 38

52. Kurzmann, E.: Der optimale Angebotspreis. In: Der Baubetriebsberater, Heft 9/68, Beilage zu „Die Bauwirtschaft", Nr. 38/68 (S. bbr 85–93)

53. Pause, H.: Baupreise im Auf und Ab der Konjunktur. In: Sonderdienst Bauindustrie 3/78, Hrsg.: Wirtschaftsvereinigung Bauindustrie e.V., Düsseldorf 1978, S. 8

54. Pfarr, K. H.: Die Kostenrechnung in der Bauwirtschaft. In: Einsatz der Kostenrechnung in der Unternehmung. Schriften zur Unternehmensführung, Bd. 23. Hrsg.: H. Jacob. Wiesbaden 1977, S. 35–76

55. Pfarr, K. H.: Die Problematik der Baupreisbildung im Lichte der modernen Betriebswirtschaftslehre. In: Der Baubetriebsberater, 3/67; Beilage zu „Die Bauwirtschaft", Nr. 11

56. Pfarr, K. H.: Zum Problem der Preisuntergrenze von Bauleistungen. In: Der Baubetriebsberater, Nr. 11/12 1966, Beilage zu „Die Bauwirtschaft", Nr. 47, (S. bbr 165–169)

57. Senator für Bau- und Wohnungswesen (Hrsg.): Entwurf einer Methode zur Ermittlung der Modernisierungs- und Instandsetzungskosten von Wohngebäuden „Methode SenBauWohn 73", In: 10. Bericht über Stadterneuerung 1.1.–31.12.1972, Mitteilungen des Präsidenten des Abgeordnetenhauses von Berlin, Nr. 59, Drucksache 6/1035, Berlin 1973

58. Senator für Bau- und Wohnungswesen (Hrsg.): Die Mietshausfassaden des 19. Jahrhunderts. In: Historische Stadtgestalt und Stadterneuerung. Berlin 1975, S. 41–45

59. Senator für Bau- und Wohnungswesen (Hrsg.): Vierteljahresberichte über die Entwicklung der Berliner Bauwirtschaft. Berlin 1978/1979

60. Spitznagel, E.: Anwendung des erweiterten Input-Output Modells auf das „Programm zur Stärkung von Bau- und anderen Investitionen". Mitteilungen aus der Arbeits- und Bauforschung 3 (1976)

61. Schlusche, K. H.: Die Problematik der Anwendung des Neubaustandards bei der durchgreifenden Modernisierung – Vergleichbare Gegenüberstellung des Neubaustandards (WFB 72) mit einem entwickelten Modernisierungsstandard (WFB-Mod), Lehrgebiet Bauwirtschaft und Baubetrieb der TU Berlin. Berlin 1977

62. Schönberg, G.; Werthwein, H.: Ablaufplanung der Modernisierungsarbeiten im bewohnten Haus. In: Rationeller bauen. Frankfurt, 16. Jahresausgabe 1978

63. Schönnenbeck, H.: Aussagewert der „Auftragsreichweite". Bauwirtschaft, Heft 12, (1974) S. 512 f.

64. Statistisches Bundesamt (Hrsg.): Revision der Volkswirtschaftlichen Gesamtrechnungen 1960 bis 1981. In: Wirtschaft und Statistik 8/1982. Stuttgart, Mainz, S. 563 ff.

65. Statistisches Bundesamt (Hrsg.): Das Wohnen in der Bundesrepublik Deutschland, Ausgabe 1981. Stuttgart/Mainz, S. 29 ff.

66. Statistisches Landesamt Berlin (Hrsg.): Statistische Berichte, Verdienste und Arbeitszeiten im Handwerk. In: Berliner Statistik (fortlaufende Vierteljahresber.) 1978, 1979, 1980

67. Vauban, S.: (Zitat aus Vaubans Brief vom 16. Sep. 1685 an den französischen Finanzminister). „Treu und Glauben wiederherstellen". Bauwirtschaft, Heft 25, (1978) S. 1033

68. o.Verf.: Statistische Zahlen (Mod.). Bauwirtschaft, Heft 44, (1978) S. 1725

69. o.Verf.: Wertung der Angebote nach § 25 VOB/A. Baugewerbe Heft 22 (1978) S. 9–10

Gesetze, Verordnungen, Richtlinien und Normen

70. Allgemeine Verwaltungsvorschrift über den Einsatz von Förderungsmitteln nach dem Städtebauförderungsgesetz (StBauFVwV) vom 14. 2. 1975. In: Bundesanzeiger Nr. 39, vom 26. 2. 1975

71. BGH-Urteil, Aktenzeichen VII ZR 327/74 vom 21. 10. 1976. In: Die Sache mit dem „offenbaren Mißverhältnis". In: Baumarkt 10/1977, S. 586 ff.

72. Bundesminister für Raumordnung, Bauwesen und Städtebau: Richtlinien für das Modernisierungsprogramm 1974 des Bundes. In: Bundesanzeiger Nr. 129 und Nr. 146

73. Deutsches Institut für Normung e.V. (Hrsg.): DIN 276 – Kosten von Hochbauten –, Ausg. 4/54, 10/60, 9/71. Berlin, Köln 1954, 1960, 1971

74. Gesetz gegen Wettbewerbsbeschränkungen (Kartellgesetz) in der Fassung der Bekanntmachung vom 4. 4. 1974. In: BGBl. I, S. 869 ff.

75. Gesetz über städtebauliche Sanierungs- und Entwicklungsmaßnahmen in den Gemeinden (Städtebauförderungsgesetz – StBauFG) vom 27. 7. 1971. In: BGBl. I, S. 1125

76. Gesetz über steuerliche Vergünstigungen bei der Herstellung oder Anschaffung bestimmter Wohngebäude vom 11. 7. 1977. In: BGBl. 1, S. 1213 ff.

77. Gesetz zur Förderung der Modernisierung von Wohnungen (Wohnungsmodernisierungsgesetz – WoModG), Bonn 23. 8. 1976, In: BGBl. I, S. 2429 ff.

78. Gesetz zur Förderung der Modernisierung von Wohnungen und von Maßnahmen zur Einsparung von Heizenergie (Modernisierungs- und Energieeinsparungsgesetz – ModEnG), Bonn vom 27. 6. 1978, In: BGBl. I, S. 878 ff.

79. Gesetz zur Förderung der Stabilität und des Wachstums der Wirtschaft (StWG). In: BGBl. I, vom 8. 6. 1967, S. 582

80. HOAI – Honorarordnung für Architekten und Ingenieure, vom 17. 9. 1976. Stuttgart 1977

81. Senator für Bau- und Wohnungswesen: WFB 72, Wohnungsbauförderungsbestimmungen vom 7. 4. 1972. In: Amtsbl. Bln., Teil 1, S. 663–680

82. Senatoren für Bau- und Wohnungswesen, für Finanzen und für Wirtschaft: Richtlinien für die Verbilligung von Darlehen zur Förderung der Modernisierung und Instandsetzung von Wohngebäuden (Modernisierungs- und Instandset-

zungsrichtlinien – Mod.InstRl) vom 15.2.1974, In: Amtsblatt Berlin 24. Jahrg., Nr. 14, S. 436, mit der Verwaltungsvorschrift zur Änderung der Richtlinien vom 6.8.1975. Amtsbl. Berlin., Nr. 51, S. 1351

83. Senator für Bau- und Wohnungswesen: Richtlinien für die Förderung der Wohnungsmodernisierung durch Mieter (Mietermodernisierungsrichtlinien 1981 – Mieter ModRl 81) vom 31.3.1981. In: Bauhandbuch 1982, Senator für Bau- und Wohnungswesen. S. 142ff.

84. Senator für Bau- und Wohnungswesen: Richtlinien über die Förderung von Modernisierungs- und Instandsetzungsmaßnahmen (Modernisierungs- und Instandsetzungsrichtlinien 1982 – Mod.InstRl 82) vom 11.2.1982

85. VOB: Verdingungsordnung für Bauleistungen, Ausgabe 1973 und Ergänzungsband 1976, im Auftrage des Deutschen Verdingungsausschusses für Bauleistungen. Hrsg.: Deutscher Normenausschuß. Berlin, Köln, Frankfurt (M) 1973

86. Verordnung PR Nr. 1/72 über die Preise für Bauleistungen bei öffentlichen oder mit öffentlichen Mitteln finanzierten Aufträgen vom 6.3.1972, (Baupreisverordnung BPVO; Bundesminister für Wirtschaft und Finanzen). In. BGBl. 1972, Teil V, S. 293ff.

87. Zweites Wohnungsbaugesetz (Wohnungsbau- und Familienheimgesetz) – II. WoBauG – vom 27.6.1956 (BGBl. I, S. 523) mit Änderung vom 23.12.1966. In: BGBl. I, S. 697

R. Gareis

Investitionsplanung des Bauunternehmens

Grundlagen, Politik, Planungen, Fallstudien

1981. 24 Abbildungen. XIII, 250 Seiten
Broschiert DM 88,-. ISBN 3-540-10465-8

Inhaltsübersicht: Einleitung. – Investitionstheoretische Grundlagen: Investitionsbegriff. Datenerfassung für die Beurteilung von Investitionen aufgrund von Zahlungsströmen. Beurteilung von Investitionen aufgrund von Zahlungsströmen. Berücksichtigung pluralistischer Ziele bei Investitionsentscheidungen. – Investitionspolitik des Bauunternehmens: Investitionspolitik, Investitionsplanung und Investitionskontrolle. Organisation der Investitionsplanung. Organisation der Investitionskontrolle. – Planung von Investitionen in Baugeräte: Entwicklung der Investitionen in Baugeräte. Gerätewesen und Gerätepolitik. Zahlungsströme von Baugeräten. Wirtschaftliche Nutzungsdauern von Baugeräten. Optimaler Ersatzzeitpunkt eines Baugerätes. – Planung von Investitionen in Bauprojekte und in Beteiligungen: Planung von Investitionen in Bauprojekte. Planung von Investitionen in Beteiligungen. – Fallstudie: Portefeuille-Analyse als Instrument zur Planung einer Beteiligungsinvestition eines internationalen Baukonzerns: Problemstellung. Organisatorischer Ablauf. Investitionsplanung des Konzerns. Portefeuille-Analyse. Zusammenfassung der Fallstudie. – Literaturverzeichnis. – Sachverzeichnis.

In anwendungsorientierter Weise wird in diesem Buch die Investitionsplanung des Bauunternehmens behandelt, indem investitionstheoretisch abgesicherte und praxisgerecht aufbereitete Methoden dargestellt werden. Das Buch enthält Investitionsrechnungsbeispiele und zeigt die Investitionsplanung eines internationalen Bauunternehmens anhand einer ausführlichen Fallstudie auf, die die Portefeuille-Analyse zur Entscheidungsfindung anwendet.
Ziel des Buches ist es, Methoden zu Planung typischer Investitionen des Bauunternehmens z. B. Baugeräte, Bauprojekte und Tochtergesellschaften darzustellen, die sowohl für Studenten der Baubetriebswirtschaft als auch für den Praktiker im Unternehmen relevant sind.

Springer-Verlag
Berlin
Heidelberg
New York
Tokyo